■■■纺织检测知识丛书■■■

纺织行业加快结构调整转变增长方式
国 家 专 项 资 金 资 助 项 目

现代配棉技术（第2版）

XIANDAI PEIMIAN JISHU

邱兆宝　著

中国纺织出版社

内 容 提 要

本书阐述了现代配棉技术的基本概念,着重介绍了 HVI 数据及其运用、原棉质量评价模型、配棉技术经济模型和纱线质量预测模型,并通过实例,展示了依据上述模型开发的配棉技术管理决策支持系统(软件)。本书以面向纺织生产实际为出发点,在反映科学前沿,体现前瞻性的同时,力求全面系统、简明扼要、通俗易懂,科学规范。

本书可作为纺织企业工程技术人员和纺织院校师生参考用书。

图书在版编目(CIP)数据

现代配棉技术/邱兆宝著 . --2 版 . --北京:中国纺织出版社,2014.5

(纺织检测知识丛书)

ISBN 978 - 7 - 5180 - 0573 - 4

Ⅰ.①现… Ⅱ.①邱… Ⅲ.①配棉—技术 Ⅳ.①TS102.2

中国版本图书馆 CIP 数据核字(2014)第 066623 号

策划编辑:王军锋　　　　　责任校对:楼旭红
责任设计:何　建　　　　　责任印制:何　艳

中国纺织出版社出版发行
地址:北京市朝阳区百子湾东里 A407 号楼　邮政编码:100124
销售电话:010—87155894　传真:010—87155801
http://www.c-textilep.com
E-mail:faxing@c-textilep.com
官方微博 http://weibo.com/2119887771
三河市宏盛印务有限公司印刷　各地新华书店经销
2009 年 9 月第 1 版　2014 年 5 月第 2 版　2014 年 5 月第 2 次印刷
开本:710×1000　1/16　印张:8.5
字数:128 千字　定价:32.00 元

凡购本书,如有缺页、倒页、脱页,由本社图书营销中心调换

第 2 版前言

2003 年 9 月,国务院批准了《棉花质量检验体制改革方案》,提出采用科学、统一、与国际接轨的棉花检验技术标准体系。2007 年 6 月,GB1103—2007《棉花细绒棉》发布,该版标准采用棉纤维大容量测试仪 HVI(High Volume Inspection)检验长度等物理指标,但仍然保留了棉花品级指标。2012 年 11 月,GB1103.1—2012《棉花 第 1 部分:锯齿加工细绒棉》发布。与 GB1103—2007 相比,GB1103.1—2012 的显著特点是取消了品级指标,引入颜色级指标和其他质量指标,指标设置更加精细化,对于纺织企业,可以根据新标准提供的 HVI 数据,实现精细化配棉。

配棉是一项技术性、经济性、实践性很强的工作。GB1103.1—2012 的实施,必将对纺织企业的配棉技术产生深刻的变革。研究 HVI 检验指标在纺纱工艺中的作用和对纺织产品性能的影响,正确使用 HVI 指标并直接用于纺织生产,对促进纺织企业技术进步以及利用信息化改造传统行业,改进和完善纺织企业合理购棉、科学配棉、稳定生产、降低成本、提高产品质量有着重要的技术经济意义。

《现代配棉技术》自 2009 年出版以来,至今已有五年。为了适应配棉技术的发展与进步,特根据 GB1103.1—2012 和配棉最新研究成果对《现代配棉技术》进行修订。

本书(第 2 版)保留了原有的章节和体系,重点对第 3 章~第 6 章进行修订完善。

(1)第 3 章原棉质量评价模型,根据 GB1103.1—2012,将色特征级改为颜色级,并给出颜色级评价模型,通过黄度 +b 和反射率 Rd 变异系数,判定混棉模糊关联颜色级的可信度。

通过对棉花质量数据挖掘建立的原棉质量评价模型,包括原棉内在质量和原棉外观质量评价模型。原棉技术品级是原棉内在质量综合指标,颜色级是原棉外观质量综合指标,这两项集约化的质量指标是配棉技术标准的基础。

(2)第 4 章配棉技术经济模型,增加了配棉技术标准和混包排列模型。配棉技术标准是设计纺纱工艺和制订配棉实施方案的重要依据;混包排列模型是配棉技术经济模型的重要组成部分。配棉技术经济模型按配棉技术标准的组成要素,遵循系统性、科学性、可比性、可测性、简约性和可运算性的原则,运用系统工程的思想和方法,利用较少的定量信息使决策的过程数学化,从而为多目标、多准则的配棉问题提供简便的决策方法。

(3)第5章纱线质量预测模型,进一步突出原棉技术品级在纱线质量预测中的作用。根据不同混棉与不同纱线质量的定量分析,将静态技术品级转化为动态技术品级,证实以动态技术品级为自变量而建立的纱线质量优化组合预测模型,其稳定性和可信度优于原棉品质其他各单一指标所组成的模型。

(4)第6章配棉程序设计与实证分析,通过一个完整的实例,展示配棉技术管理决策支持系统(软件)的基本功能与程序设计的基本思路。

基于HVI数据的配棉技术管理决策支持系统(软件),以原棉管理为基础、成本控制为核心、纱线质量预测为手段,运用系统工程的思想和方法,遵循配棉技术原则,将纺纱学、运筹学、模糊数学、技术经济学以及计算机技术融为一体,对原棉质量评价、配棉技术标准、配棉方案优选、纱线质量预测和配棉方案评价等进行了规范,实现了配棉技术信息化、知识化和智能化。

本书(第2版)在修订过程中,得到联润翔(青岛)纺织科技有限公司的鼎力支持和资助,在此表示诚挚的谢意。

邱兆宝

E-mail:qzb1949@sina.com

2014年3月

第1版前言

计算机配棉是中国棉纺织行业"十一五"科学与技术进步13个关键项目之一。青岛纺联控股集团与青岛市纺织工程学会自2003年10月在前期研究的基础上加大了现代配棉技术研究力度,先后在青岛召开过三次专家研讨会,该项工作得到中国棉纺织行业协会,中国工程院梅自强院士、姚穆院士等专家与企业的支持。2006年11月青岛纺联控股集团申报的《纺织企业现代配棉技术规范》课题在财政部、国家发改委正式立项。

2007年1月,课题组正式成立,课题组成员来自青岛纺联控股集团、青岛市纺织工程学会,青岛大学、山东省纺织科学研究院、青岛市纺织纤维检验所,青岛纺联控股集团一、六、八棉,陕西长岭软件开发有限公司、山东大海集团、山东东营宏远纺织有限公司等。

课题组重点研究了棉纤维HVI数据主要特性与综合评价、基于HVI数据的配棉技术经济模型、原棉性能与纱线质量关系的定量分析。通过以上研究,运用系统工程的思想和方法,遵循配棉技术管理的基本原则,将有关学科与计算机技术融为一体, 对HVI数据配棉进行了智能化高度概括,建立了基于HVI数据的配棉技术管理决策支持系统(软件)。配棉软件的开发,对改变相对落后的人工配棉方式,实现配棉智能化、信息化、规范化,有着积极的现实意义。

在配棉软件开发过程中,陕西长岭软件开发有限公司朱吉良、徐东,山东大海集团何秀珍,山东东营宏远纺织有限公司闫承兰,青岛大学在读研究生关永红等,整理了数万组数据,反复测试软件,提出了许多实用的改进意见,付出了艰辛的劳动。牟世超、戴受柏、邢明杰、关燕、宋钧才、陈洪民、李君华、鲍智波、刘传平、汤龙世等,为课题的论证和试验做了大量的工作。

本书共分6章。第1章为引言;第2章棉纤维大容量测试仪,介绍国内外最新棉纤维大容量测试仪的性能,对测试指标进行解释,并与常规检验作简要比较;第3章原棉质量评价模型,首先分析了原棉质量指标的相关关系,运用模糊数学建立原棉技术品级评价模型并确定技术品级的分级特征值,以实例说明技术品级的应用原理;第4章配棉技术经济模型,在传统配棉方法基础上,运用系统工程的思想建立包括接批棉在内的完整的配棉技术经济模型,以实例从理论与实践的结合上对模型优化求解进行独具特色的分析,提出对配棉方案质量评价的参考标准;第 5 章纱线质量预测模型,根据原棉质量与纱线质量关系的定量分析,建立纱线动态优化组合预测模型;第 6 章配棉程序设计与实证分析,通过一个完整的实例阐述配棉软件程序设计的基本思路。

因侧重于应用,书中涉及的数学与计算机理论未展开深入阐述。书稿几经讨论,最后由青岛大学牟世超教授审校。

现代配棉技术的研究,凝聚着诸多专家学者与企业工程技术人员的宝贵经验。限于作者水平,书中尚有许多不足之处,有待于理论与实践上的继续提高,并将根据最新研究成果进行修订完善。

邱兆宝

E-mail:qzb1949@sina.com

2009 年 8 月

目 录

第1章 引言

1.1 配棉问题综述

配棉是棉纺企业的一项基础工作,它既与生产技术、产品质量和品种等有着密切的关系,又与原料供应、检验、试验和生产使用等管理工作有密切的关系。我国原棉在性能上呈现出多样性和差异性,使得配棉工作面临的问题越来越复杂,对配棉技术的科学性要求越来越高。棉纺过程具有工序多、周期长、信息反馈滞后、生产连续等特点。在品种变化频繁时,要保证产品质量不能因原料配棉的变化而发生变化,就必须考虑原棉选择的连续性、稳定性以及各种特定的要求,使纤维性能物尽所用,减少剩余质量或避免产品质量降低。

长期以来,配棉工作是通过人工计算完成的,其效果在很大程度上取决于人的经验及处理问题的细致程度,不免会有片面性、偶然性。为了做好配棉工作,配棉技术人员要及时掌握生产情况,了解各种原棉的库存情况及原棉的物理性能,分析过去纱线质量情况,全面综合加以考虑,不仅计算量大,而且难免有所疏漏。因此,配棉技术人员渴望找到一种更有效、更方便的现代化方法,辅助或取代人工配棉,使配棉工作既有艺术性,又有科学性。计算机配棉技术就是在这样的一种背景下应运而生的。

1.2 国内外配棉技术发展背景

计算机应用于纺织工业已有30多年的历史。20世纪70年代,印度尝试运用计算机配棉,最早的一次计算机配棉实验是由 Indore 公司完成的。在20世纪80年代,欧美开始出现并应用美国的计算机配棉[EFS(Engineered Fiber Selection)]管理系统。该系统的特点是:棉花不再是仅仅被按唛头来分类,而是根据仪器所测得的指标重新分类并用条形码编号。棉花按性质被划分得更加详细,其性能被更加充分地利用。近年推出的 EFS 优化配棉管理系统 MILLNet™ Windows 版功能更为全面。MILLNet 系统需要的大容量测试仪[HVI(High Volume Istrumentation)]数据可以通过多种渠道获得。MILLNet 系统结合 HVI 数据把所用棉花按类型分成不同的组。在配棉时,MILLNet 可以决定一个配棉排包中棉包的数量,排包中类别的范围和需要使用的回用棉的数量和类型。在系统中一个排包中棉包的位置也会被优化,一个排包方案中每个小组的棉包可以反映整个排包的平均值和偏差。这意味着与传统的随机排包相比,这种混棉的效果会加强许多。MILL-Net 也支持有 Symbol Windows CE 系统的手持式扫描枪,使仓库人员可以从库存中获取正确的棉包。从管理者的角度看,MILLNet 可以提供获取和使用棉包所需的所有指标和报告,如棉包运输前电子数据交换 EDI(Electronic Data Interchange)文件和 HVI 数据、组和类别的报告、棉包重量和成本、HVI 特性报告、仓储报告与图表等。

我国一些棉纺厂从 20 世纪 70 年代末开始尝试用计算机配棉,配棉模型是基于线性规划原理。采用此方法在计算机上可以挑选并规划出使用棉花的比例,以达到最佳配比的目的。但由于这种方法是一期一期孤立进行的,不能解决连续性和稳定性问题。另外,基于线性规划原理的配棉数学模型与生产实际不符合,难以操作。80 年代计算机配棉技术有了较大的发展。1982 年,中国纺织设计院使用进口 Z80 微机,在北京国棉一厂开发了"计算机配棉管理系统"。期间,山东、天津、河北、江苏、湖北、新疆等棉纺织企业也自行开发了配棉软件。由于当时的开发工具及一些具体的测试仪器条件等情况所限,还存在一些实际问题有待改进,在生产中也没有被大规模推广。40 多年来专家学者与企业工程技术人员单就配棉技术的研究发表的论文已有数百篇,涉及配棉数学模型、纱线质量预测、数据分析与应用等领域。

我国早期计算机辅助配棉系统起到了以下三个方面的作用:使传统的人工配棉向计算机辅助配棉迈进了一大步;取得了一定的经济效益,使配棉成本有不同程度的降低;效率提高,一般 20 ~ 30min 内即可获得最佳方案,而以往的人工配棉方法若要得到可行的方案需要花数倍的时间。

计算机配棉在我国的研究起步较早,但至今未有根本性的突破,主要原因如下。

(1)配棉数学模型的整体性尚有待于实践检验,计算机配棉系统的通用性有待提高。

(2)因检测手段落后,有些指标依靠手感目测,缺乏大量的真实可靠的数据,无法获得反映配棉内在规律的数据。

(3)操作人员的计算机二次研发能力不足,以及受传统的手感目测配棉思维定式的限制。

上述问题是计算机配棉发展过程中出现的问题,需要靠现代配棉技术来解决。

采用计算机进行配棉是配棉技术发展的必然趋势,也是纺织企业信息化发展的必要步骤。计算机配棉是棉纺织企业建立快速反应机制的必经之路,已引起棉纺织企业的高度重视。

2003年9月,国务院《棉花质量检验体制改革方案》发布后,青岛纺联控股集团与青岛市纺织工程学会在前期研究的基础上加快研究进度,连续三年在青岛举办全国性研讨会。该项研究得到中国棉纺织行业协会和中国工程院 梅自强 院士、姚穆院士以及纺织企业的大力支持。2006年11月,财政部、国家发改委正式批准青岛纺联控股集团申报的《纺织企业现代配棉技术规范》项目。2007年2月,在前期研究的基础上,特别经 梅自强 院士、姚穆院士亲自指导,课题组对研究方向和总体思路再次进行筹划,进一步细分了子课题,使研究方向更加明确,整体思路更加清晰。2008年9月,《纺织企业现代配棉技术规范》项目通过验收。

1.3 本书研究的主要内容和创新点

(1)原棉质量评价。原棉质量评价包括内在质量评价和外观质量评价。

原棉上半部长度、整齐度、断裂比强度、马克隆值为棉纤维质量的主要内在指标,确定其分级特征值后,运用模糊数学中的模糊分等和隶属度的概念,可以计算出原棉的综合评价指数,这一评价指数称为原棉技术品级。技术品级将原棉内在质量有机地统一在具体指标内,对加强原棉分类组批管理,预测纱线质量、制订配棉技术标准和配棉实施方案,有着积极的技术经济意义。

原棉的外观质量是黄度+b和反射率Rd确定的颜色级,混棉颜色级由颜色级区域分级线方程式给出。配棉需根据纺纱品种的质量要求,将多种不同特性(含颜色)的原棉按一定比例组成混和棉使用,由于纱线品种和用途不同,对纱线本色色差的要求也不尽相同。原棉颜色的类型和级别,可转化为纱线本色颜色的类型和级别,但不能简单地依据混棉黄度+b和反射率Rd的加权平均指标确定混棉成分的颜色级。为防止因混棉成分组合不当而产生的色差,需对混棉颜色级进行评价。

(2)配棉技术标准。配棉技术标准是制订配棉实施方案和设计纺纱工艺的重要依据,对稳定生产、保证质量、控制成本有着积极的技术经济意义。技术品级和技术品级变异系数与纱线内在质量密切相关,颜色级和黄度变异系数对纱线的色差有直接影响,混棉差价和用棉量则决定混棉成本。由技术品级、技术品级变异系数、颜色级和黄度变异系数组成的配棉技术标准,其特点是清晰、实用、简便、系统性强。

(3)配棉技术经济模型。配棉技术经济模型按配棉技术标准的组成要素,遵循系统性、科学性、可比性、可测性、简约性和可运算性的原则,在对复杂问题的本质、影响因素及其内在关系等进行深入分析的基础上,运用数学语言定量化地描述了配棉过程中各相关因素的依存关系和变化规律,对配棉数学模型中的决策变量、参数、约束条件、目标函数进行了独具特色的分析。该模型的特点是,运用系统工程的思想和方法,遵循配棉原则,为多目标、多准则的配棉问题提供简便的决策方法。模型的求解吸取了目标规划和整数规划的长处,采用隐枚举法,有效地解决了非线性目标整数规划配棉问题。它的优点是:与传统的配棉方法相吻合,直观易懂;在划定决策变量的边界条件内,可根据当前生产情况灵活地化约束条件为分级目标,直接寻求最佳动态组合;当多个可行方案确定后,可按不同的要求对其进行技术经济效果分析,以供决策。

混包排列优化模型是配棉技术经济模型的组成部分。该模型的特点是,运用层次分析的思想和方法,抓住影响混棉均匀的关键指标——技术品级和颜色级进行优化组合,使混包排列达到内外均匀,协调统一。层次分析的核心问题是排序,层次排序是建立混包排列优化模型的基础。运用分位数、编码排序组成的棉包单元,可达到局部与全局的统一,有效地缩短混棉不匀周期,为提高多仓混和效果创造条件。通过考察相邻单元的统计值,并与总体比较,可对混包效果进行评价。

(4)纱线质量预测模型。原棉的各项指标对纱线质量的影响是不同的。纱线质量动态组合预测模型,是基于单种预测方法的局限性和近似性,通过对多种不同的预测方法进行的非线性结合。该方法综合利用各种预测方法所提供的信息,以适当的权数得出组合预测模型,使得组合预测模型更加有效地提高预测精度。

以原棉技术品级为自变量而建立的纱线质量组合预测模型,具有独特的整体性和可信度,其稳定性优于原棉质量其他各单一指标所组成的模型。

(5)计算机配棉技术改变了落后的按感官检验结果配棉的方式,由传统的以定性为主转向以定量为主。配棉软件发挥程序设计语言与办公自动化软件的优势,搭建数据交换平台,与HVI测试仪、纱线质量测试仪形成数据共享与实时分析在线网络一体化,实现了配棉技术信息化、知识化和智能化。

第2章 棉纤维大容量测试仪

2.1 概述

快速、自动化、大容量棉纤维测试技术路线不仅与当今经济、高效、信息化的要求相适应,也与棉花质量检验的发展趋势相适应。目前,棉花质量检验项目由传统的品级、长度两个项目发展为颜色级、长度、马克隆值等项目。另外,由于棉花物理性能离散性比较大,只有相当大的样本容量,才能获得代表总体棉花性能的测试结果。因此,一些主产棉花国家正逐步建立由第三方检验机构对棉花进行逐包检验制度。这样,棉花质量检验的发展趋势必然要求棉花测试仪器的快速和自动化,以大大节省人力、物力和检验时间。

当今快速、自动化、大容量棉纤维测试仪器应首推 HVI 大容量纤维测试仪。HVI 大容量纤维测试仪自 20 世纪 80 年代推出以来,仪器不断改进和提高。2004年乌斯特公司推出了 HVI 1000 大容量纤维测试仪。该仪器为全自动束纤维测试仪,由 1 名检验人员操作,对每份棉样进行一次系统测试可获得纤维上半部平均长度、长度整齐度指数、短纤维指数、断裂比强度、断裂伸长率、马克隆值、成熟度指数、黄度 + b、反射率 Rd、棉花类型和颜色级、杂质等 10 多项指标的测试结果,只需 20s 时间。

计算机的应用不仅提高了单机自动化水平,扩大了测试指标内容,而且通过多台仪器联机,对各项指标自动综合分析,从而全面判定试样性能并为生产工艺和产品质量预测提供有价值的信息。

当前,国内外棉纤维大容量测试仪主要型号有美国 USTER HVI 1000 型、印度 Premier ART 型和中国陕西长岭 XJ128 型。

2.1.1 美国 USTER HVI 1000 大容量纤维测试仪

USTER HVI 1000 大容量纤维测试仪(图 2 - 1)带有计算机控制校准和诊断功能的自动化测试系统,由两个直立的控制柜构成。大控制柜内包括长度/强度模块。小控制柜内包含马克隆模块、颜色和杂质模块。该仪器还包括置于控制柜上的数字和字母输入键盘、监视器和天平。监视器显示菜单选项、操作指导和测

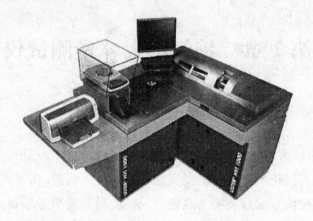

图 2 - 1　USTER HVI 1000 大容量纤维测试仪

试结果。每个样品完成测试后,将结果传送至打印机或外部计算机系统。

2.1.1.1　长度/强度模块

在长度/强度模块中,测量平均长度和上半平均长度,以及与其相关的整齐度。强度值是由测量拉断样品所需的力来确定的,伸长可以计算得到。在模块测试中,每个模块都能成为一个独立的仪器。

长度/强度模块由自动取样机构、梳刷样品机构、测量长度和整齐度的光学系统组成;测量强度和伸长的夹钳系统。棉花放入自动取样器(桶)后,梳夹将自动取样。梳夹所取的棉样,由传动轨道送到刷子梳刷,再移去测量。取样器位于仪器上部,真空箱位于长度/强度控制柜的左下部。

2.1.1.2　马克隆值模块

马克隆值是通过测量气流阻力和纤维表面特性的关系而得到的。在一设定体积的腔体中,气流通过已知重量的纤维。腔体中的压力差和纤维表面特性相关,由此来确定棉花的马克隆值。样品称重由一精密电子天平来完成。马克隆天平由一塑料护罩罩着,样品称重后,放入马克隆腔体测试。马克隆测试腔体位于天平下方。

2.1.1.3　颜色和杂质模块

棉花的颜色(亮度和黄度)测量仪位于小控制柜内。颜色和杂质测试是同时进行的。用于放置纤维样品的托盘位于柜面上。按下安装在柜面上的开始按钮测试颜色和杂质。颜色测量中,系统用氙闪光灯照射样品。通过纤维的反射光,由照相二极管接收,进而得到亮度和黄度这两个棉花颜色指标。用反射率来表示亮度,黄度用亨特值(+b)来表示。根据美国细绒棉和长绒棉的分级通用标准,有时根据用户标准,这些测量值被转化成同等的 USDA 颜色等级代码。杂质模块是一个自动视频图像处理器,用于测量棉花样品内可见的叶屑或杂质量。图像经数字处理后,产生以下三个测量值:杂质面积——杂质所占样品面积百分比;杂质数量——直径大于或等于0.25mm(0.01英寸)的杂质颗粒数;叶屑等级——和杂质区域及颗粒数量相关的代码值,或者杂质等级——用杂质模块测量而得,测量值最多可由四个数字或字母字符组成,或者杂质代码——校准过程中,根据结果,所测样品落入的区域。

表 2-1 为 USTER HVI 1000 测试指标缩写和数据格式。

表 2-1　USTER HVI 测试指标缩写和数据格式

测试指标	缩　写	单　位	格　式
上半部平均长度	UHML	in;mm	x.x x x;x x.x
长度整齐度指数	UI	%	x x.x
短纤维指数	SFI	%	x x.x x
断裂比强度	Str	gf/tex	x x.x
断裂伸长率	Elg	%	x.x
马克隆值	Mic	—	x.x x
成熟度指数	Mat	—	x.x x
反射率	Rd	%	x x.x
黄色深度	+b	—	x x.x
颜色级	C Grade	—	x x
杂质数量	TC	杂质数量/杂质面积	x x x
杂质面积	Tr Area	%	x.x x
杂质等级	Tr Grade	—	x
棉结	Nep	1/g	x x x
回潮率	Moist	%	x x.x
荧光度	UV	—	x x x
纺纱均匀性指数	SCI	—	x x x

2.1.2　印度 Premier ART 大容量纤维测试仪

Premier ART 大容量纤维测试仪(图 2-2)由以下模块组成。

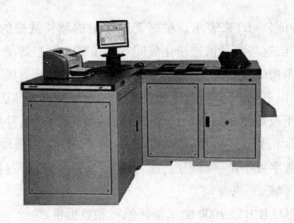

图 2-2　Premier ART 大容量棉花测试仪

2.1.2.1　长度和强度测试模块

"平面取样"技术使长度和强度测试时的棉样在取样时能保持一致。托盘中的棉样自动转移到梳理区后,用一致的压力将试样压在打孔的薄片上。取样夹的运动是伺服电动机通过螺杆来驱动的,并精确地向测试区域运动进行准确测试。

回潮测试和强力修正:自动回潮测量及对强力修正,消除环境条件对强力测试的影响,确保测试的准确性。

2.1.2.2　马克隆值测试模块

自动马克隆值测试模块可自动进行试样称重、试样测量、数据处理以及废样的排除收集。通过金属塞校准,确保可靠的测试结果。

含杂率(重量)分析:有独立的原料通道,自动进行杂质与棉纤维的分离,以重量法精确测量棉花的含杂率。整个杂质的分离、称重和传送过程都是自动的。

2.1.2.3　色泽和光学测量杂质模块

一次可连续测量两个以上棉样的黄度、反射率等级和杂质值;全部的操作是自动完成,且试样被自动转移到下一模块——长度和强力模块进行测试;可单独出报表,如色泽、杂质,便于用户优化配棉。

此外,Premier ART 大容量纤维测试仪还有综合统计分析功能,除对棉纤维质量参数进行测试以外,还提供智能统计报表,对比分析纤维质量趋势。

智能统计报表:一张简单的报表提供了全部的信息,如长度、强度、马克隆值、色泽和杂质性能。当选择了测量回潮时,显示在报表中的强力值是经回潮修正的。

质量趋势报表:可根据不同参数和测试周期进行趋势分析。

2.1.3 中国陕西长岭 XJ128 型快速棉纤维性能测试仪

XJ128 型快速棉纤维性能测试仪(图 2 - 3)是在手动取样型 XJ120 型测试仪的基础上,根据中国棉花质量检验体制改革的要求,借鉴国外仪器的优点,进行研制的一种快速、大容量、多指标的自动取样型棉花纤维性能综合测试仪器,它集光、机、电、气和计算机等技术于一体,能快速检测棉花纤维的长度、强度、马克隆值、色泽和杂质等性能,给出平均长度、上半部平均长度、整齐度指数、短纤维指数、比强度、伸长度、最大断裂负荷、马克隆值、成熟度指数、黄度、反射率、颜色级、杂质粒数、杂质面积百分率、杂质等级和纺纱一致性指数等指标,可以满足棉花质量检验体制改革的仪器化需要,提高公证检验的科学性和权威性,指导纺织企业配棉。

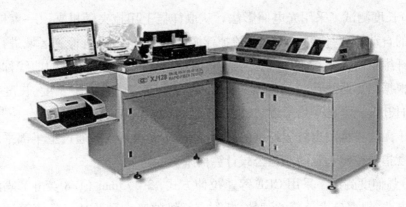

图 2 - 3 XJ128 型快速棉纤维性能测试仪

2.1.3.1 系统组成与特点

该测试仪由长强主机(包括长度/强度模块)、色征主机(包括马克隆模块和色泽/杂质模块)、主处理机、显示器、键盘、鼠标、打印机、电子天平、条形码读码器等组成。它有以下主要特点。

(1)长度/强度测量采用自动取样,数据一致性好,减少了手动取样的影响。自动取样器为双取样筒,同时取两把梳样;取样压板为手指形,模仿手动取样。

(2)系统测量各模块并行测量,效率高,输出信息量大。

(3)光学零点自动调节和跟踪补偿,开机预热时间短,稳定性好。

(4)具有在线故障诊断功能,维修方便。

(5)色泽光电源恒流控制,色泽测试的稳定性好。

（6）短纤维和色泽分级具有中国和美国标准选择功能。

（7）具有联网功能，测试数据可以直接上传国家棉花数据信息中心。

（8）可以选配自动配棉系统，指导纺织企业配棉。

2.1.3.2 测试原理

自动取样时操作员只需把适量的棉样放入取样筒，用手按压启动开关，自动取样器会依照控制程序，依次进行打开梳夹、清理梳夹、压下压板、旋转取样筒、梳针取样、闭合梳夹、针布清理、丢弃棉样（可选）等过程，完成自动取样工作。

自动取样器采用双取样筒，同时取两把试样的方式；采用一体化伺服电动机控制取样筒旋转运动，提高了可靠性；自动取样器压板形状为四根手指形，模仿手动取样的形式；压板气缸的气流通过专门的减压阀调整，保证了压力的均匀、恒定，提高了取样的成功率。

（1）长度测试。采用光电照影法。从取样器上用梳夹随机夹取一束棉花，经过仪器的自动梳理，使纤维伸直并梳掉浮游纤维后，进入光电检测区域进行扫描，感应出纤维束的遮光量，以此遮光量与纤维束的长度为坐标绘制的曲线称为照影曲线。根据照影曲线计算出棉纤维 50% 跨距长度、2.5% 跨距长度、长度整齐度比、平均长度、上半部平均长度、长度整齐度指数。

由于无法直接测出较短纤维的含量，所以短纤维指数是通过上半部平均长度和整齐度指数按照一定的经验公式计算而来。

（2）强伸度测试。采用 CRE 等速拉伸方式，3.175mm（1/8 英寸）隔距束纤维拉伸方法，根据最大负荷的读数、断裂点纤维的遮光量及马克隆值等计算出棉纤维比强度，根据拉伸曲线计算出伸长率。

（3）马克隆值测试。采用气流法一次压缩，根据气压差计算出棉纤维的马克隆值，并根据质量的不同予以修正，根据马克隆值和比强度计算出成熟度指数。

（4）色泽测试。采用 45° 照明方式，光线从与棉样表面法线成 45° 的方向入射至棉样表面上，在法线上测量棉样表面漫反射光，分析光谱成分和反射率大小，获得反映棉样色征的黄度 +b 和反射率 Rd，并根据二者的测试结果输出色泽等级。

（5）杂质测试。采用 CCD 相机对棉花表面进行摄像，利用图像处理和软件分析方法，计算出棉花表面叶屑颗粒数、叶屑面积、叶屑等级。

叶屑面积 = 杂质所占阴影面积/被测量面积

叶屑数目 = 直径大于 0.25mm 的叶屑在被测区域的数目

（6）回潮率测试模块。采用电阻法测量回潮率，根据 8 组不同位置电极所测得的回潮率数据计算平均值,给出最终结果,同时根据该结果修正比强度的测试结果。

2.1.3.3　技术指标

长　度:长度测量范围 22 ~ 48mm,误差为 ±0.4mm。

整齐度指数,误差为 ±0.9%。

短纤维指数,误差为 ±2.0%。

强　度:比强度测量范围 18 ~ 50cN/tex,误差为 ±1.3cN/tex。

伸长度,误差为 ±0.6%。

马克隆:试样重量范围 10.0 ±1.5g。

马克隆值测量范围 2.0 ~ 6.5,误差为 ±0.1。

色　泽:反射率测量范围 0 ~ 90,误差为 ±1.0%。

黄度测量范围 0 ~ 25,误差为 ±0.5。

杂　质:杂质粒数,误差为 ±6。

杂质面积百分比,误差为 ±0.2%。

测试环境:温度(20 ±2)℃。

相对湿度(65 ±3)%。

测试效率:90 个样品/h(每个样品包括两把梳夹长度/强度、一次马克隆、两次色泽/杂质)。

2.2　棉纤维大容量测试仪测试指标与解释

2.2.1　长度指标

2.2.1.1　平均长度(Mean Length)

在照影曲线图中,从纤维数量 100% 处作照影曲线的切线,切线与长度坐标轴相交点所显示的长度值。

2.2.1.2　上半部平均长度(Upper Half Mean Length)

在照影曲线图中,从纤维数量 50% 处作照影曲线的切线,切线与长度坐标轴相交点所显示的长度值。

用 USTER HVI 测量纤维长度,纤维的端头并不对齐,测得的纤维长度图称为纤维照影长度曲线图。图 2 - 4 是简要的原棉纤维长度曲线图。

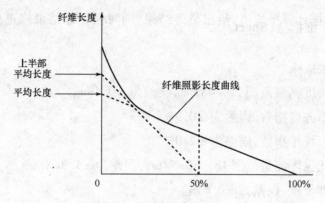

图 2-4 纤维照影长度曲线图

用上半部平均长度(简称上半部长度)表示棉花长度,以 1mm 为级距,细绒棉分级如下。

25mm,包括 25.9mm 及以下。

26mm,包括 26.0~26.9mm。

27mm,包括 27.0~27.9mm。

28mm,包括 28.0~28.9mm。

29mm,包括 29.0~29.9mm。

30mm,包括 30.0~30.9mm。

31mm,包括 31.0~31.9mm。

32mm,包括 32.0mm 及以上。

28mm 为长度标准级。

2.2.1.3 长度整齐度指数(Uniformity Index)

测试棉纤维长度时,平均长度占上半部平均长度的百分率。长度整齐度指数(简称整齐度)分档及代号见表 2-2。

表 2-2 整齐度分档及代号

分 档	代 号	整齐度(%)
很高	U1	≥86.0
高	U2	83.0~85.9
中等	U3	80.0~82.9
低	U4	77.0~79.9
很低	U5	<77.0

2.2.1.4　短纤维指数(Short Fibre Index)

短纤维指数指棉纤维中,短于一定长度界限的短纤维重量(或根数)占纤维总量(或总根数)的百分率。

短纤维指数也称短绒率,与棉纤维的整齐度和长度有关,短纤维的界限中国标准为 16mm 以下,美国标准为 12.7mm(0.5 英寸)以下。

2.2.2　强伸度指标

2.2.2.1　断裂比强度(Breaking Tenacity)

束纤维拉伸至断裂负荷最大时所对应的强度,以未受应变试样每单位线密度所受的力表示,单位为 cN/tex。

注:USTER HVI1000 测试断裂比强度采用单位为 gf/tex(1gf≈0.98cN),本书凡涉及该指标时,均转换为 cN/tex。

断裂比强度分档见表 2 - 3。

表 2 - 3　断裂比强度分档及代号

分　档	代　号	断裂比强度(cN/tex)
很强	S1	≥31.0
强	S2	29.0~30.9
中等	S3	26.0~28.9
差	S4	24.0~25.9
很差	S5	<24.0

注　断裂比强度为 3.2mm 隔距,HVI 校准棉花标准(HVICC)标准水平。

2.2.2.2　断裂伸长率(Breaking Elongation)

棉花纤维试样受到拉伸直至断裂时,纤维的绝对伸长长度与纤维正常伸展长度的比值。断裂伸长率表征棉纤维抵抗拉伸能力,值越大,表示纤维弹性越好。

2.2.3　马克隆值指标

2.2.3.1　马克隆值(Micronaire)

一定量棉纤维在规定条件下的透气性的量度,以马克隆刻度表示。马克隆刻度是建立在已由国际协议确定其马克隆值的成套"国际校准棉花标准"的基础上的。

马克隆值分三个级,即 A、B、C 级。B 级分为 B1、B2 两档,C 级分为 C1、C2 两档。B 级为马克隆值标准级。马克隆值分级分档见表 2-4。

表 2-4　马克隆值分级分档

分级	分档	马克隆值
A 级	A	3.7～4.2
B 级	B1	3.5～3.6
	B2	4.3～4.9
C 级	C1	3.4 及以下
	C2	5.0 及以上

马克隆值是一定量棉纤维在规定条件下的透气性的量度。透气性由棉纤维的比表面积决定,而比表面积的大小与棉纤维的线密度和成熟度有关。因此,棉纤维的马克隆值是棉纤维的线密度和成熟度的综合指标。马克隆值高,说明纤维成熟度好,纤维细度粗;反之,纤维成熟度差,纤维细度细。

2.2.3.2　成熟度指数(Maturity Index)

成熟度指数是反映样品中,棉纤维细胞壁厚占棉纤维截面(恢复圆形)直径比例的指标。

HVI 的成熟度指数是以 HVI 测出的马克隆值、断裂比强度和断裂伸长率经过推算得到的一个相对值。成熟度指数反映棉纤维胞壁的厚度,值越大,纤维越成熟。

2.2.4　颜色指标

2.2.4.1　黄度(Yellowness)

表示棉花黄色色调的深浅程度,以 +b 表示。

2.2.4.2　反射率(Reflectance degree)

表示棉花样品反射光的明暗程度,以 Rd 表示。

2.2.4.3　颜色级(Color Grade)

棉花颜色的类型和级别。类型依据黄度 +b 确定,级别依据反射率 Rd 确定。

颜色级划分:依据黄度 +b 将棉花划分为白棉、淡点污棉、淡黄染棉、黄染棉 4 种类型。依据反射率 Rd 将白棉分 5 个级别,淡点污棉分 3 个级别、淡黄染棉分 3 个级别、黄染棉分 2 个级别,共 13 个级别。白棉 3 级为颜色级标准级。

颜色级用两位数字表示,第一位是级别,第二位是类型。颜色级代号见表2-5。

表 2-5　颜色级代号

级别	类 型			
	白棉	淡点污棉	淡黄染棉	黄染棉
1 级	11	12	13	14
2 级	21	22	23	24
3 级	31	32	33	
4 级	41			
5 级	51			

颜色级的分布和范围由颜色分级图(A)表示,见图2-5。

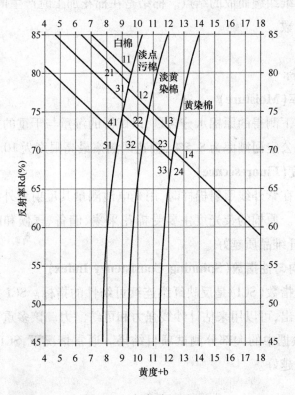

图 2-5　颜色分级图(A)

颜色级的确定:棉花样品表面黄度 +b 和反射率 Rd 的测试结果,在棉花颜色分级图上的位置所对应的颜色级,即为该棉花样品的颜色级。

2.2.5 杂质指标

2.2.5.1 杂质数量(Trash Count)

杂质数量指测试面积内,样品表面杂质颗粒总数。数值越大,表示样品含杂越高。

2.2.5.2 杂质面积(Trash Area)

杂质面积指测试面积内,样品表面杂质颗粒覆盖面积占测试总面积的百分比。

2.2.5.3 杂质级(Trash Grade)

根据被测棉花的表面杂质面积百分率,对棉花的表面杂质进行的分级,杂质级编号从 1~7,杂质量由低到高。

2.2.5.4 棉结(Neps)

棉结指棉纤维纠缠而成的结点。棉结是在棉花加工时产生的,是在一定抽样数量中的棉结个数。

2.2.6 其他指标

2.2.6.1 回潮率(Moisture)

在规定条件下测得的原棉水分含量,以试样的湿重与干重的差值对干重的百分率表示。棉花公定回潮率为 8.5%,棉花回潮率最高限度为 10.0%。

2.2.6.2 荧光度(Fluorescence)

荧光度是指在紫外线照射棉样时,用光电池测量其反射紫外线的量,无单位,可比较荧光水平。原棉的荧光度主要受棉花采集、储备、气候和时间等影响。荧光度越高,表示纤维品质越好。

2.2.6.3 纺纱均匀性指数(Spinning Consistency Index)

纺纱均匀性指数(SCI)是反映纤维连续可纺性的指标。SCI 指数由一个多重回归公式计算得出,可以用来估计纱线强力和可纺潜力。该多重回归公式中使用的是一组 HVI 数据中的大部分测试项目结果。通常情况下,SCI 值越大,纱线强力和连续可纺性越好。

2.3 HVI 指标与常规测试指标的相关分析

由于大容量棉花检测仪器与传统测试仪器测试原理的差异,HVI 指标设置与传统测试仪器测试指标在质量指标体系设置及其检测方法上存在着根本性差异，但主要指标有较好的相关性。表 2-6 是某纺织企业用常规测试仪器和 HVI 大容量棉花测试仪器对一些棉样的测试结果。常规测试仪器检验结果与 HVI 检验结果的相关分析见表 2-7。

表 2-6　常规仪器检验与 HVI 检验指标对比

序号	常规仪器检验				HVI 检验			
	主体长度（mm）	均匀度（%）	马克隆值	束纤维强力（cN）	上半部长度（mm）	整齐度（%）	断裂比强度（cN/tex）	马克隆值
1	37.5	1238	4.07	4.67	37.25	88.3	48.3	4.08
2	38.3	1125	4.30	4.65	36.41	89.1	50.3	4.24
3	37.1	1558	4.03	4.77	37.04	87.8	47.8	4.02
4	36.7	1064	3.72	4.69	36.01	86.7	48.2	3.67
5	38.3	1264	4.05	4.60	36.11	88.2	45.1	4.05
6	37.3	1156	4.07	4.66	36.96	88.1	49.2	4.06
7	30.7	890	4.53	4.55	29.88	84.3	30.9	4.46
8	29.4	823	4.78	4.28	28.60	84.4	30.3	4.67
9	30.3	1182	4.75	4.53	28.49	84.4	28.5	4.61
10	30.4	942	4.87	4.45	29.61	85.1	30.2	4.72
11	30.4	942	4.75	4.53	28.70	84.1	29.1	4.79
12	30.0	1020	4.54	4.54	29.06	85.2	30.4	4.56
13	31.4	1193	4.82	4.63	29.72	83.4	29.7	4.90
14	29.7	980	4.02	4.02	29.60	84.5	30.3	4.07
15	30.9	1143	4.75	4.48	29.30	84.6	29.4	4.86
16	31.1	1057	4.39	4.43	29.87	84.7	28.6	4.21
17	30.3	1000	4.31	4.03	29.47	83.3	30.0	4.40
18	30.8	1016	4.63	4.50	28.90	82.4	30.4	3.97
19	30.6	887	3.93	3.99	30.20	83.7	31.3	3.92
20	29.6	1036	4.01	4.07	29.12	84.0	27.7	4.10
21	30.6	1010	4.42	4.42	29.09	83.6	28.2	3.90
22	30.8	986	3.87	4.15	30.11	82.5	29.5	3.87

表 2-7 常规仪器检验与 HVI 检验指标的相关分析

指　标		常规仪器检验			
		主体长度(mm)	均匀度(%)	马克隆值	束纤维强力(cN)
HVI 检验	上半部长度(mm)	0.981**			
	整齐度(%)		0.593**		
	马克隆值			0.861**	
	断裂比强度(cN/tex)				0.601**

＊＊在 0.01 水平上显著相关。

从表 2-6 和表 2-7 可以看出,常规仪器检验与 HVI 检验的某些指标有着显著相关性或较好相关性。例如,常规仪器检验的主体长度,其结果相当于 HVI 上半部平均长度,相关系数达到 0.981;国产 Y175 型、Y145 型、MC 型等气流仪所测马克隆值从原理到测试结果与 HVI 所测的马克隆值基本一致,其相关系数达到 0.861。

尽管常规检验指标与 HVI 检验指标有着显著相关性或较好相关性,但是难以据此推导出稳定的换算公式,因为它们之间的关系将随着被测棉纤维种类、分布等的变化而变化,所以难以用公式将传统检验指标转换成 HVI 指标。

2.4　棉纤维 USTER HVI 部分统计值(2013)

表 2-8、表 2-9 和表 2-10 是 USTER HVI(2013)棉纤维部分统计值。

表 2-8　马克隆值与整齐度统计值

上半部长度 (mm)	马克隆值					整齐度(%)				
	5%	25%	50%	75%	95%	5%	25%	50%	75%	95%
25	3.5	3.9	4.3	4.7	5.1	82.5	81.4	80.4	79.3	78.2
26	3.4	3.8	4.2	4.6	5.0	83.1	82.1	81.0	79.9	78.8
27	3.4	3.8	4.2	4.6	4.9	83.7	82.7	81.6	80.6	79.5
28	3.4	3.7	4.1	4.5	4.9	84.3	83.3	82.2	81.2	80.2
29	3.3	3.7	4.1	4.4	4.8	84.9	83.9	82.8	81.9	80.9
30	3.3	3.7	4.0	4.4	4.7	85.5	84.5	83.4	82.5	81.6
31	3.3	3.6	4.0	4.3	4.7	86.1	85.1	84.1	83.2	82.3

上半部长度	马克隆值					整齐度（%）				
（mm）	5%	25%	50%	75%	95%	5%	25%	50%	75%	95%
32	3.2	3.6	3.9	4.3	4.6	86.7	85.7	84.7	83.8	82.9
33	3.2	3.5	3.9	4.2	4.5	87.3	86.3	85.3	84.5	83.6
34	3.2	3.5	3.8	4.1	4.4	87.6	86.8	85.9	85.0	84.2
35	3.1	3.4	3.7	4.0	4.4	88.1	87.3	86.4	85.6	84.8
36	3.1	3.4	3.7	4.0	4.3	88.6	87.8	87.0	86.2	85.4
37	3.0	3.3	3.6	3.9	4.2	89.1	88.4	87.6	86.7	86.0
38	2.9	3.2	3.5	3.8	4.2	89.6	88.9	88.1	87.3	86.6
39	2.9	3.2	3.4	3.7	4.1	90.1	89.4	88.7	87.9	87.2
40	2.8	3.1	3.4	3.7	4.0	90.6	89.9	89.2	88.4	87.8

表 2-9 断裂比强度与短纤维指数统计值

上半部长度	断裂比强度（gf/tex）					短纤维指数				
（mm）	5%	25%	50%	75%	95%	5%	25%	50%	75%	95%
25	29.3	27.6	26.0	24.4	22.9	8.65	10.20	11.81	13.57	15.45
26	30.0	28.3	26.8	25.2	23.7	8.22	9.67	11.17	12.78	14.54
27	30.7	29.1	27.6	26.0	24.5	7.79	9.14	10.53	12.00	13.64
28	31.4	29.8	28.4	26.8	25.4	7.36	8.61	9.89	11.21	12.74
29	32.1	30.6	29.1	27.6	26.2	6.94	8.08	9.25	10.42	11.84
30	32.8	31.3	29.9	28.4	27.0	6.51	7.54	8.61	9.63	10.94
31	33.5	32.1	30.7	29.2	27.8	6.08	7.01	7.96	8.84	10.04
32	34.2	32.8	31.5	30.0	28.7	5.65	6.48	7.32	8.05	9.13
33	34.9	33.6	32.2	30.8	29.5	5.22	5.95	6.68	7.27	8.23
34	41.2	39.0	36.6	34.3	31.7	4.14	4.93	5.75	6.72	7.65
35	42.0	39.8	37.4	35.2	32.7	3.88	4.66	5.47	6.43	7.36
36	42.9	40.6	38.3	36.1	33.7	3.62	4.39	5.19	6.14	7.07
37	43.8	41.5	39.2	37.0	34.6	2.37	4.11	4.91	5.86	6.77
38	44.6	42.3	40.0	37.9	35.6	3.11	3.84	4.63	5.57	6.48
39	45.5	43.1	40.9	38.8	36.5	2.85	3.57	4.36	5.29	6.19
40	46.3	44.0	41.8	39.7	37.5	2.60	3.30	4.08	5.00	5.89

注　USTER HVI1000 测试断裂比强度采用单位为 gf/tex。1gf≈0.98cN。

表 2 - 10 反射率与黄度统计值

上半部长度	黄度 +b					反射率 Rd(%)				
（mm）	5%	25%	50%	75%	95%	5%	25%	50%	75%	95%
25	7.2	8.3	9.4	10.6	11.7	81.5	78.5	75.6	72.8	69.8
26	7.2	8.3	9.4	10.6	11.7	81.5	78.5	75.6	72.8	69.8
27	7.2	8.3	9.4	10.6	11.7	81.5	78.5	75.6	72.8	69.8
28	7.2	8.3	9.4	10.6	11.7	81.5	78.5	75.6	72.8	69.8
29	7.2	8.3	9.4	10.6	11.7	81.5	78.5	75.6	72.8	69.8
30	7.2	8.3	9.4	10.6	11.7	81.5	78.5	75.6	72.8	69.8
31	7.2	8.3	9.4	10.6	11.7	81.5	78.5	75.6	72.8	69.8
32	7.2	8.3	9.4	10.6	11.7	81.5	78.5	75.6	72.8	69.8
33	7.2	8.3	9.4	10.6	11.7	81.5	78.5	75.6	72.8	69.8
34	8.2	9.2	10.3	11.4	12.6	80.9	77.8	75.0	72.3	69.3
35	8.2	9.2	10.3	11.4	12.6	80.9	77.8	75.0	72.3	69.3
36	8.2	9.2	10.3	11.4	12.6	80.9	77.8	75.0	72.3	69.3
37	8.2	9.2	10.3	11.4	12.6	80.9	77.8	75.0	72.3	69.3
38	8.2	9.2	10.3	11.4	12.6	80.9	77.8	75.0	72.3	69.3
39	8.2	9.2	10.3	11.4	12.6	80.9	77.8	75.0	72.3	69.3
40	8.2	9.2	10.3	11.4	12.6	80.9	77.8	75.0	72.3	69.3

第3章　原棉质量评价模型

3.1　棉花质量概述

国家棉花新标准 GB 1103.1—2012《棉花　第 1 部分:锯齿加工细绒棉》(以下简称棉花新标准)改变了过去依靠检验人员感官检验的传统检验方式,采用大容量棉花纤维检测仪快速检验棉花质量,实行以颜色级为棉花的分级标准,全面实现对大包型成包皮棉的仪器化逐包检验,从而实现对棉花质量的科学、客观评定。

新标准规定的质量指标有 11 项,分别是上半部长度、整齐度、断裂比强度、马克隆值、黄度 + b、反射率 Rd、颜色级、轧工质量、危害性杂物(异性纤维含量)、回潮率、含杂率。上半部长度、整齐度、断裂比强度、马克隆值、反射率、黄色深度、颜色级、轧工质量、危害性杂物等是反映棉花质量的指标。回潮率和含杂率虽然是质量指标,但在新标准中不是"从质处理",而是"从量处理"的,用于棉花的公定重量折算。

经聚类分析和回归分析(过程略),上半部长度、整齐度、断裂比强度、马克隆值是原棉主要内在质量指标。依据棉花黄度 + b 和反射率 Rd 确定的颜色级是原棉质量的外观指标。内在质量指标和外观质量指标不存在必然联系。

3.1.1　原棉的主要内在质量指标对纱线质量的影响

(1)上半部长度。棉纤维长度长,纤维间接触机会多,纤维间抱合力增加,纱线强力高,特别是在纺细特纱时,纤维长度对纱线的强力影响更显著。

(2)整齐度。整齐度表示纤维长度分布均匀或整齐的程度,对纱线的条干有重要影响,同时对纱线的强度和原棉的制成率也有影响。

(3)断裂比强度。当棉纤维断裂比强度大时,必然是纤维密度小或强力高,对纱线强力有利,同时因纤维不易断裂,落棉少,制成率高,有利于降低用棉量。

(4)马克隆值。马克隆值对纱线质量的影响实际上是纤维细度与成熟度对纱线质量的综合影响。对同一原棉品种,马克隆值过高时,纤维过成熟,纤维天然转曲较少,纺同样特数纱时,纱线截面内纤维根数减少,纤维抱合力较差,纱线强力较低。马克隆值过低的棉纤维容易产生有害疵点,染色性差,断头率高,纱线强力同样较低。

3.1.2 原棉颜色的类型和级别

颜色级依据黄度 + b,划分为白棉、淡点污棉、淡黄染棉和黄染棉四种类型。

(1)白棉。颜色特征表现为洁白、乳白、灰白的棉花。

(2)淡点污棉。颜色特征表现为白棉中略显阴黄或有淡黄点的棉花。

(3)淡黄染棉。颜色特征表现为整体显阴黄或灰中显阴黄的棉花。

(4)黄染棉。颜色特征表现为整体泛黄的棉花。

颜色级代号见第 2 章表 2 - 5。

3.2 棉花质量数据挖掘

3.2.1 数据挖掘概述

数据挖掘是指从数据仓库的大量数据中揭示出隐含的、先前未知的、潜在有用的信息的过程。数据挖掘作为知识发现过程中一个特定的步骤,是一系列技术及其应用,或者说是对大容量数据及数据间关系进行考察和建模的方法集。它的目标是将大容量数据转化为有用的知识和信息。

数据挖掘过程一般由确定挖掘对象、数据准备、数据挖掘、结构分析表述和挖掘应用这几个主要的阶段组成。数据挖掘可以在任何类型的信息存储上进行,包括关系数据库、数据仓库、事务数据库、高级数据库系统等。

数据挖掘的分析方法可以分为直接和间接数据挖掘。直接数据挖掘目标是利用可用的数据建立一个模型,这个模型对剩余的数据,对一个特定的变量进行描述。间接数据挖掘是在所有的变量中建立起某种对应关系。数据挖掘通过预测未来趋势做出基于知识的决策。

3.2.2 棉花质量数据挖掘的主要任务

棉花质量指标是纺织企业配棉中最为重要的原始数据。棉花价格由颜色级、长度、马克隆值、断裂比强度、整齐度和轧工质量、异性纤维含量七项指标作为制订差价的依据。然而,在纺织企业使用时,单纯依据棉花质量原始数据和价格的高低来确定配棉质量,很难做到精细化配棉。

棉花质量数据挖掘的主要任务是对棉花标准中的商业原始数据转化为实用的配棉技术数据,将棉花的内在质量和外观质量统一在具体指标内,形成集约化的知识,以利于配棉应用。

3.2.3　棉花质量数据挖掘的主要方法

(1)模糊数学。模糊数学是运用数学方法研究和处理模糊性现象的一门数学新分支,它以"模糊集合"论为基础,用精确的数学语言去描述模糊性现象。

模糊综合评价法是一种基于模糊数学的综合评价方法。该综合评价法根据模糊数学的隶属度理论把定性评价转化为定量评价,即用模糊数学对受到多种因素制约的事物或对象做出一个总体的评价。它具有结果清晰、系统性强的特点,能很好地解决模糊的、难以量化的问题。

(2)聚类分析。将物理或抽象对象的集合分组成为由类似的对象组成的多个类的过程被称为聚类。由聚类所生成的簇是一组数据对象的集合,这些对象与同一个簇中的对象彼此相似,与其他簇中的对象相异。

使用聚类分析的方法对原棉质量属性进行分类研究具有十分重要的作用和意义。由于原棉本身性能所具有的多样性与差异性的特点,就必然要求其研究应该客观化、标准化和数量化,而数量化又是非常重要的环节。聚类分析将是这一环节中开展其他工作的基础。

(3)回归分析。回归分析是确定两种或两种以上变数间相互依赖的定量关系的一种统计分析方法。回归分析可以用来对一个或多个独立的预测变量和一个依赖或响应变量之间的联系建模。

回归分析中,依据描述自变量与因变量之间因果关系的函数表达式是线性的还是非线性的,分为线性回归分析和非线性回归分析。许多问题可以用线性回归解决,并且更多问题可以通过对变量进行变换,将非线性问题转换为线性依赖处理。回归分析是基于观测数据建立变量间适当的依赖关系,以分析数据内在规律,并可用于预报、控制等问题。

3.3　原棉质量指标的相关分析

在纺织企业里,棉花称为原棉。原棉的各项质量指标的优劣很难协调统一,致使在分析时往往顾此失彼。为此,在研究原棉质量之间关系时,不能孤立地分析某一项指标,而忽略其整体性和系统性。从一批观测数据计算得到的两个变量之间的相关系数往往不能正确地说明这两个变量之间的真正关系,要真正表示这两个变量之间的相关关系,应进行偏相关分析。偏相关系数与简单相关系数在数值上可能相差很大,甚至有时符号都可以相反。只有偏相关系数才真正反映两个变量的本质联系,而简单相关系数则可能由于其他因素的影响,而反映的仅是表面的、非本质的联系,甚至可能完全是假象。

表3-1、表3-2分别为细绒棉、长绒棉质量检验数据统计。

表3-1 细绒棉质量检验数据统计表

序号	上半部长度 (mm)	整齐度 (%)	断裂比强度 (cN/tex)	马克隆值	黄度+b	反射率 Rd (%)
1	31.8	85.9	36.4	4.2	9.1	81.7
2	31.6	84.2	35.1	3.7	9.3	81.7
3	31.2	83.1	30.6	3.9	9.4	80.4
4	31.0	83.1	29.7	3.4	9.1	81.8
5	30.8	84.2	30.1	3.8	8.5	82.9
6	30.6	85.1	31.1	4.6	7.8	84.4
7	30.4	84.5	31.1	4.3	7.4	85.0
8	30.0	83.2	28.7	3.7	7.2	84.8
9	29.9	83.6	30.6	4.0	7.8	83.9
10	29.5	84.0	28.7	4.6	8.1	83.0
11	29.3	81.6	29.0	4.2	7.4	84.4
12	29.1	84.1	31.1	3.8	7.6	84.9
13	28.7	82.6	27.1	4.1	7.6	84.4
14	28.5	82.9	27.7	3.9	8.1	83.1
15	28.0	83.8	28.9	4.6	7.7	85.0
16	27.8	84.5	27.4	4.1	8.0	84.2
17	27.5	81.6	29.7	4.2	9.1	82.3
18	27.3	82.4	24.4	4.4	9.3	84.4
19	27.2	80.3	27.3	3.9	7.4	81.6
20	27.0	80.7	29.2	4.2	8.2	78.2

序号	上半部长度 （mm）	整齐度 （%）	断裂比强度 （cN/tex）	马克隆值	黄度 + b	反射率 Rd （%）
21	26.9	82.0	27.2	4.1	8.6	77.7
22	26.7	82.1	28.6	4.2	8.1	84.7
23	26.6	80.9	28.5	4.4	8.7	78.2
24	26.5	80.8	27.8	4.3	9.3	79.0
25	26.2	81.4	26.3	4.3	8.3	80.7
26	26.1	80.9	28.0	4.7	8.1	78.6
27	25.7	81.0	27.3	4.9	8.0	78.5
28	25.6	79.9	26.0	4.5	9.1	73.5
29	25.5	79.3	25.3	4.4	9.4	76.4
30	25.0	79.4	26.5	4.1	9.4	77.3

表 3 - 2　长绒棉质量检验数据统计表

序号	上半部长度 （mm）	整齐度 （%）	断裂比强度 （cN/tex）	马克隆值	黄度 + b	反射率 Rd （%）
1	38.5	87.9	45.8	4.3	7.1	73.9
2	38.3	86.9	42.2	4.2	7.7	75.7
3	38.0	88.7	45.6	3.8	10.0	74.6
4	37.6	87.6	46.1	4.2	7.6	79.3
5	37.0	88.2	43.3	4.1	7.4	80.0
6	36.3	87.0	41.9	3.3	7.9	77.1
7	36.0	88.0	44.2	4.1	6.8	77.3
8	35.7	88.8	48.8	4.0	7.8	79.3
9	35.6	88.5	43.2	4.1	7.5	78.7
10	35.5	88.4	40.7	3.4	8.1	78.2
11	35.3	87.9	38.0	3.4	7.4	77.5
12	35.0	88.7	46.5	4.2	8.2	79.2
13	35.0	87.6	42.7	4.1	7.3	79.7
14	34.9	89.0	44.1	3.7	9.9	77.6
15	34.8	87.4	43.3	3.4	7.9	78.1

序号	上半部长度 (mm)	整齐度 (%)	断裂比强度 (cN/tex)	马克隆值	黄度 + b	反射率 Rd (%)
16	34.7	87.9	46.9	4.4	8.8	79.4
17	34.6	86.2	43.0	3.9	9.4	76.0
18	34.5	88.8	41.9	4.5	9.1	78.1
19	34.4	87.3	45.1	4.3	8.7	76.9
20	34.2	87.4	43.9	4.2	8.9	79.0
21	33.9	85.1	36.5	3.3	8.4	80.9
22	33.8	86.1	36.9	3.5	8.3	80.2
23	33.7	85.4	35.2	3.1	9.0	80.9
24	33.6	86.9	36.5	3.4	8.4	81.4
25	33.5	84.9	37.5	3.5	8.4	81.8
26	33.4	86.2	35.0	3.2	8.3	82.6
27	33.3	84.9	37.1	3.5	8.5	81.5
28	33.2	83.0	33.9	3.3	8.9	80.3
29	33.1	86.0	36.3	3.5	8.6	80.2
30	33.0	83.8	33.1	3.0	8.9	80.5

原棉的各项质量指标的优劣很难协调统一,要真正表示变量之间的相关关系,应进行偏相关分析。所谓偏相关是指在诸多相关的变量中,剔除(控制)其中的一个或若干个变量的影响后,两个变量之间的简单相关关系。对于剔除了一个变量 Z 的影响后,两个变量 X、Y 之间的偏相关系数,其计算公式为:

$$r_{xy,z} = \frac{r_{xy} - r_{xz} r_{yz}}{\sqrt{(1 - r_{xz}^2)(1 - r_{yz}^2)}} \qquad (3-1)$$

式中, $r_{xy,z}$ 是偏相关系数。其下标中逗号","之后的变量,是被控制的变量;其逗号","前的两个变量,是被计算偏相关的两个变量。

原棉质量指标的相互依存和影响程度可用其偏相关系数的绝对值之和表示:

$$w_i = \sum_{j=1}^{n} |R_{ij}| \qquad (3-2)$$

式中, w_i 表示第 i 项原棉指标对其他指标的偏相关系数的绝对值之和(总体影响值); R_{ij} 表示第 i 项原棉指标对第 j 项指标的偏相关系数(不含本指标)。

根据表 3 - 1 和表 3 - 2,选取黄度 + b 为控制变量,各自的偏相关系数见表 3 - 3 和表 3 - 4。

表 3 - 3　细绒棉偏相关系数

项目	上半部长度	整齐度	断裂比强度	马克隆值
上半部长度	1.000	0.845 * *	0.782 * *	- 0.525 * *
整齐度	0.845 * *	1.000	0.710 * *	- 0.275
断裂比强度	0.782 * *	0.710 * *	1.000	- 0.323
马克隆值	- 0.525 * *	- 0.275	- 0.323	1.000

* * 在 0.01 水平上显著相关。

表 3 - 4　长绒棉偏相关系数

项目	上半部长度	整齐度	断裂比强度	马克隆值
上半部长度	1.000	0.573 * *	0.666 * *	0.496 * *
整齐度	0.573 * *	1.000	0.795 * *	0.622 * *
断裂比强度	0.666 * *	0.795 * *	1.000	0.799 * *
马克隆值	0.496 * *	0.622 * *	0.799 * *	1.000

* * 在 0.01 水平上显著相关。

根据式(3 - 2),可以计算出细绒棉上半部长度、整齐度、断裂比强度、马克隆值偏相关系数的绝对值之和分别为 2.152、1.830、1.815、1.123。原棉质量指标的相互依存和影响程度依次为:上半部长度→断裂比强度→整齐度→马克隆值。长绒棉上半部长度、整齐度、断裂比强度、马克隆值偏相关系数的绝对值之和分别为 1.735、1.990、2.260、1.917。原棉质量指标的相互依存和影响程度依次为:断裂比强度→整齐度→马克隆值→上半部长度。以上分析,仅限于样本数据。

3.4　原棉内在质量评价

3.4.1　技术品级分级特征值

原棉技术品级的确定所采用的方法是模糊综合评价。所谓对原棉质量进行模糊综合评价,就是采用模糊数学中的模糊分等和隶属度的概念,对原棉主要内在质量指标进行总的评价的定量计算方法。它可以计算出原棉的综合评价指数,并可根据数值的大小,得到所有原棉优劣排列顺序。这样,原棉主要内在质量指标便在评价指数之中得到统一。

对原棉主要内在质量指标评价时,应先对每一个具体的因素确定评价等级,规定相应的分级特征值。表3-5为细绒棉评价分级特征值表,A级~E级的权重为1~5,权重值表明原棉技术品级分5个等级,这样处理,可与纺织企业传统用棉的5个等级"接轨",便于理解和使用。

表3-5 细绒棉评价分级特征值表

评价因素	A级 (权重=1)	B级 (权重=2)	C级 (权重=3)	D级 (权重=4)	E级 (权重=5)
上半部长度(mm)	≥31.0	≥29.0;<31.0	≥27.0;<29.0	≥25.0;<27.0	<25.0
整齐度(%)	≥85.0	≥83.0;<85.0	≥80.0;<83.0	≥77.0;<80.0	<77.0
断裂比强度(cN/tex)	≥31.0	≥29.0;<31.0	≥27.0;<29.0	≥25.0;<27.0	<25.0
马克隆值	≥3.65;<4.25	≥3.45;<3.65	≥4.25;<4.95	<3.45	≥4.95

在细绒棉中混入适当比例的长绒棉,可以提高纱线强力、改善条干均匀度、减少纱疵。细绒棉与长绒棉的混和方式有棉包混和和棉条混和,当采用棉包混和时,其混和评价分级特征值如表3-6所示。

表3-6 长绒棉/细绒棉混和评价分级特征值表

项 目	长绒棉		细绒棉		
评价因素	A级 (权重=1)	B级 (权重=2)	C级 (权重=3)	D级 (权重=4)	E级 (权重=5)
上半部长度(mm)	≥37.0	≥33.0;<37.0	≥29.0;<33.0	≥26.0;<29.0	<26.0
整齐度(%)	≥85.0	≥83.0;<85.0	≥80.0;<83.0	≥77.0;<80.0	<77.0
断裂比强度(cN/tex)	≥36.0	≥32.0;<36.0	≥30.0;<32.0	≥28.0;<30.0	<28.0
马克隆值	≥3.65;<4.25	≥3.45;<3.65	≥4.25;<4.95	<3.45	≥4.95

利用模糊分等的方法可以将"0-1"度量法推广到"[0,1]"度量法,也就是用0-1之间的一个实数去度量它,这个数就叫"隶属度"。因为隶属度是随条件而改变的,当用函数来表示隶属度的变化规律时,就叫它隶属函数。

在实际问题中,用模糊数学去处理模糊概念时,选择适当的隶属函数是很重要的。

对于 A 级的上半部长度、整齐度、断裂比强度,其隶属函数为:

$$u(x) = \begin{cases} 1 & (X \geqslant a) \\ 0 & (X < a) \end{cases} \qquad (3-3)$$

对于 E 级的上半部长度、整齐度、断裂比强度,其隶属函数为:

$$u(x) = \begin{cases} 1 & (X < a) \\ 0 & (X \geqslant a) \end{cases} \qquad (3-4)$$

对于 B 级、C 级和 D 级的上半部长度、整齐度、断裂比强度,其隶属函数分偏大型和偏小型两种。

偏大型(图 3-1)的隶属函数为:

$$u(x) = \begin{cases} 0 & (0 \leqslant X \leqslant a_1) \\ (X - a_1)/(a_2 - a_1) & (a_1 < X \leqslant a_2) \\ 1 & (a_2 < X) \end{cases} \qquad (3-5)$$

偏小型(图 3-2)的隶属函数为:

$$u(x) = \begin{cases} 1 & (X \leqslant a_1) \\ (a_2 - X)/(a_2 - a_1) & (a_1 < X \leqslant a_2) \\ 0 & (a_2 < X) \end{cases} \qquad (3-6)$$

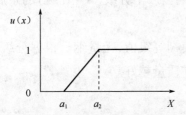
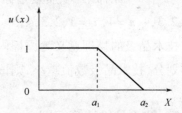

图 3-1　偏大型的隶属函数　　　　图 3-2　偏小型的隶属函数

对于 A 级、B 级和 C 级的马克隆值,其隶属函数为:

$$u(x) = \begin{cases} 1 & (a_1 \leqslant X < a_2) \\ 0 & (a_1 < X \leqslant a_2) \end{cases} \qquad (3-7)$$

对于 D 级的马克隆值,其隶属函数为:

$$u(x) = \begin{cases} 1 & (X < a) \\ 0 & (X \geqslant a) \end{cases} \qquad (3-8)$$

对于 E 级的马克隆值,其隶属函数为:

$$u(x) = \begin{cases} 1 & (X \geq a) \\ 0 & (X < a) \end{cases} \qquad (3-9)$$

B 级、C 级和 D 级的上半部长度、整齐度、断裂比强度,其隶属度为双隶属度,式(3-5)计算的隶属度保留在本级内,式(3-6)计算的隶属度保留在下一级,这样,对于某一批原棉的上半部长度、整齐度、断裂比强度进行评价时,将不再是仅能属于某一级别,而是以不同的隶属度 u_i 归属于相邻级别。该方法可以充分利用隶属度向量,描述其隶属度的从属程度,拓宽了数据分类的能力。另外,从数据挖掘的角度看,在传统的模糊支持向量机的基础上增加一个隶属度,有利于研究棉纤维质量之间以及与纱线质量的关系。

3.4.2　技术品级评价模型

原棉技术品级评价模型如下:

$$P_k = \sum_{i=1}^{m} d_i \sum_{j=1}^{n} r_{ij}/n \qquad (3-10)$$

式中: P_k ——第 k 批原棉的技术品级;

d_i ——原棉分级特征(A 级 ~ E 级)的权重, $i = 1,2,3,4,5, m = 5$;

r_{ij} ——原棉第 j 项质量指标(共 4 项)对于第 i 个分级(A ~ E 级)的隶属度, $j = 1,2,3,4, n = 4, i = 1,2,3,4,5$。

技术品级的物理意义为原棉内在质量的模糊等级值,无量纲。根据分级特征值的划分,技术品级数值越小,则该原棉的内在质量越好。

3.4.3　技术品级计算示例

原棉上半部长度30.0,整齐度83.2,断裂比强度28.7,马克隆值3.7。技术品级计算过程如下:

(1)上半部长度30.0。根据表3-5,区间在 B 级[≥29.0; <31.0],用偏大型公式(3-5)计算:(30-29)/(31-29),得隶属度0.5,归属于 B 级;用偏小型公式(3-6)计算:(31-30)/(31-29),得隶属度0.5,归属于 C 级。

通过以上计算,得出上半部长度30.0隶属度的从属程度为:B 级0.5,C 级0.5。

(2)整齐度83.2。根据表3-5,区间在 B 级[≥83.0; <85.0],用偏大型公

式(3-5)计算:(83.2-83.0)/(85.0-83.0),得隶属度 0.10,归属于 B 级;用偏小型公式(3-6)计算:(85.0-83.2)/(85.0-83.0),得隶属度 0.90,归属于 C 级。

通过以上计算,得出整齐度 83.2 隶属度的从属程度为:B 级 0.07,C 级 0.93。

(3)断裂比强度 28.7。根据表 3-5,区间在 C 级[≥27.0;<29.0],用偏大型公式(3-5)计算:(28.7-27.0)/(29.0-27.0),得隶属度 0.85,归属于 C 级;用偏小型公式(3-6)计算:(29.0-28.7)/(29.0-27.0),得隶属度 0.15,归属于 D 级。

通过以上计算,得出断裂比强度 28.7 隶属度的从属程度为:C 级 0.85,D 级 0.15。

(4)马克隆值 3.7。根据表 3-5,区间在 A 级[≥3.7;<4.3],根据公式(3-7),得隶属度 1,归属于 A 级。

根据公式(3-10)计算出技术品级为 2.388,见表 3-7。

表 3-7　技术品级计算示例

评价指标		A 级 (权重=1)	B 级 (权重=2)	C 级 (权重=3)	D 级 (权重=4)	E 级 (权重=5)
上半部长度(mm)	30.0		0.50	0.50		
整齐度(%)	83.2		0.10	0.90		
断裂比强度(cN/tex)	28.7			0.85	0.15	
马克隆值	3.7	1				
分级隶属度		∑A×权重/ 4=0.25	∑B×权重/ 4=0.30	∑C×权重/ 4=1.688	∑D×权重/ 4=0.15	∑E×权重/ 4=0
技术品级=0.25+0.30+1.688+0.15+0=2.388						

需要说明的是,此时的技术品级是静态技术品级,关于动态技术品级的概念见第 5 章。

3.5　原棉外观质量评价

原棉的外观质量是黄度+b 和反射率 Rd 确定的颜色级,颜色级指标对指导配棉有着重要的意义。配棉需根据纺纱品种的质量要求,将多种不同特性(含颜色)的原棉按一定比例组成混和棉使用,由于纱线品种和用途不同,对纱线本色色差的要求也不尽相同。原棉颜色类型依据黄度 +b 确定,级别依据反射率 Rd 确定。原棉颜色的类型和级别,可转化为纱线本色颜色的类型和级别,但不能简单地依据混棉黄度 +b 和反射率 Rd 的加权平均指标来确定。为防止因混棉成分组合不当而产生的色差,需对混棉颜色级进行评价。

3.5.1 颜色级评价建模分析

依据黄度 +b,棉花划分为白棉、淡点污棉、淡黄染棉和黄染棉 4 种类型。依据明暗程度,白棉分 5 个级别,淡点污棉分 3 个级别,淡黄染棉分 3 个级别,黄染棉分 2 个级别,共 13 个级别。白棉 3 级为颜色级标准级。

仪器检验颜色级时,按黄度 +b 和反射率 Rd 的值,在棉花颜色分级图中对应的分类线和分级线所划分的区域确定级别。颜色级用两位数字表示,第一位是级别,第二位是类型。颜色级代号见表第 2 章 2-5。

图 3-3 为颜色分级图(B),横向坐标用黄度 +b 值表示饱和度,纵向坐标用反射率 Rd 表示亮度(明暗程度)。高等级靠近图的顶部,低等级靠近图的底部,灰色靠近左部,有染污和黄染的靠近右部。任意一个颜色级可以通过黄度 +b 和反射率 Rd 的值标定。各颜色级均有相邻,在二维空间中,相邻包括上下、左右和对角线相邻。例如,淡点污棉 12,左相邻为白棉 11、21、31,右相邻为淡黄染棉 13,下相邻为淡点污棉 22,对角相邻为淡黄染棉 23。

棉花新标准规定,确定每批棉花颜色级时必须有主体颜色级,即按批检验时,占有 80% 及以上的颜色级,其余颜色级仅与其相邻,且类型不超过 2 个、级别不超过 3 个。配棉属混批,涉及不同的颜色级,可能无主体颜色级。无主体颜色级的混棉并不一定会产生明显色差,因这主要取决于混棉黄度 +b 和反射率 Rd 的变异系数。其变异系数大,其离散度就高,易产生色差。

多种化学染料经溶解混合后,可产生另一种统一的颜色,例如,将等量的红色与绿色混合,得到黄色。而不同颜色级的原棉混和后,各批原棉的颜色并不发生化学反应,也就是说,混棉后各批原棉的颜色并不"相溶",仍保留原颜色。在这种情况下,需要进行混棉颜色级模糊关联评价。

混棉颜色级评价建模步骤如下。

(1)运用重量加权平均公式,计算混棉黄度 +b 和反射率 Rd 的值。

(2)依据颜色级区域方程式,确定混棉模糊关联颜色级。

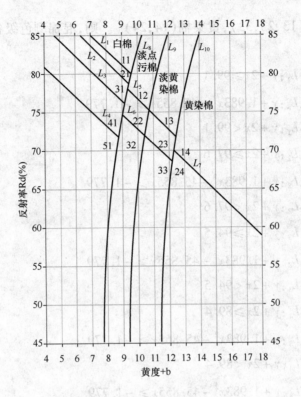

图 3-3　颜色分级图（B）

（3）计算混棉黄度 +b 和反射率 Rd 变异系数。以混棉黄度 +b 变异系数为主，结合反射率 Rd 变异系数，判定混棉模糊关联颜色级的可信度。

按以上步骤，应建立模糊关联模型。

3.5.2　混棉颜色级评价模型

棉花新标准给出了颜色分级图，但未给出各颜色级所在区域的方程式。著者根据颜色分级图所标示的函数类型和大量数据验证（过程略），得出颜色级区域方程式。

图 3-3 中，$L_1 \sim L_7$ 为等级线，$L_8 \sim L_{10}$ 为类型线。混棉颜色级的区间范围由一组方程式组成，式中 x 表示黄度 +b，y 表示反射率 Rd。分级线的处理原则为：上方或左方为"≥"；下方或右方为"<"。

设：混棉颜色由白棉、淡点污棉、淡黄染棉、黄染棉 4 种类型组成，按每种类型的级别排序后的全体集合为｛白棉（11，21，31，41，51），淡点污棉（12，22，

32),淡黄染棉(13,23,33),黄染棉(14,24)｝。则,混棉颜色级各区域模糊关联模型为:

$$白棉11 = \begin{cases} L_1 : y + 2x \geqslant 99.1 \\ L_8 : y + 1.983x^2 - 45.855x \geqslant -1.779 \end{cases} \qquad (3-11)$$

$$白棉21 = \begin{cases} L_1 : y + 2x < 99.1 \\ L_2 : y + 2x \geqslant 97.6 \\ L_8 : y + 1.983x^2 - 45.855x \geqslant -1.779 \end{cases} \qquad (3-12)$$

$$白棉31 = \begin{cases} L_2 : y + 2x < 97.6 \\ L_3 : y + 2x \geqslant 94.5 \\ L_8 : y + 1.983x^2 - 45.855x \geqslant -1.779 \end{cases} \qquad (3-13)$$

$$白棉41 = \begin{cases} L_3 : y + 2x < 94.5 \\ L_4 : y + 2x \geqslant 89.4 \\ L_8 : y + 1.983x^2 - 45.855x \geqslant -1.779 \end{cases} \qquad (3-14)$$

$$白棉51 = \begin{cases} L_4 : y + 2x < 89.4 \\ L_8 : y + 1.983x^2 - 45.855x \geqslant -1.779 \end{cases} \qquad (3-15)$$

$$淡点污棉12 = \begin{cases} L_5 : y + 2x \geqslant 96.8 \\ L_8 : y + 1.983x^2 - 45.855x < -1.779 \\ L_9 : y + 1.6887x^2 - 46.032x \geqslant -224.05 \end{cases} \qquad (3-16)$$

$$淡点污棉22 = \begin{cases} L_5 : y + 2x < 96.8 \\ L_6 : y + 2x \geqslant 92.8 \\ L_8 : y + 1.983x^2 - 45.855x < -1.779 \\ L_9 : y + 1.6887x^2 - 46.032x \geqslant -224.05 \end{cases} \qquad (3-17)$$

$$淡点污棉32 = \begin{cases} L_6 : y + 2x < 92.8 \\ L_8 : y + 1.983x^2 - 45.855x < -1.779 \\ L_9 : y + 1.6887x^2 - 46.032x \geqslant -224.05 \end{cases} \qquad (3-18)$$

$$淡黄染棉13 = \begin{cases} L_5 : y + 2x \geqslant 96.8 \\ L_9 : y + 1.6887x^2 - 46.032x < -224.05 \\ L_{10} : y + 3.1829x^2 - 92.251x \geqslant -583.26 \end{cases} \qquad (3-19)$$

$$
淡黄染棉23 = \begin{cases} L_5: y + 2x < 96.8 \\ L_6: y + 2x \geqslant 92.8 \\ L_9: y + 1.6887x^2 - 46.032x < -224.05 \\ L_{10}: y + 3.1829x^2 - 92.251x \geqslant -583.26 \end{cases} \quad (3-20)
$$

$$
淡黄染棉33 = \begin{cases} L_6: y + 2x < 92.8 \\ L_9: y + 1.6887x^2 - 46.032x < -224.05 \\ L_{10}: y + 3.1829x^2 - 92.251x \geqslant -583.26 \end{cases} \quad (3-21)
$$

$$
黄染棉14 = \begin{cases} L_7: y + 2x \geqslant 94.5 \\ L_{10}: y + 3.1829x^2 - 92.251x < -583.26 \end{cases} \quad (3-22)
$$

$$
黄染棉24 = \begin{cases} L_3: y + 2x < 94.5 \\ L_{10}: y + 3.1829x^2 - 92.251x < -583.26 \end{cases} \quad (3-23)
$$

根据以上模型确定混棉模糊关联颜色级后,再计算混棉黄度 +b 和反射率 Rd 变异系数。黄度 +b 和反射率 Rd 变异系数是反映总体各单位标志值差异程度的指标,可作为判定混棉模糊关联颜色级可信度的依据。

3.5.3 混棉颜色级参考标准

颜色级与色差是两个不同的概念。在纺纱加工过程中,原棉各自的颜色级是不可改变的,黄度 +b 变异系数超出范围,色差在感官上易发现;而反射率 Rd 变异系数超出范围,色差在荧光灯源下才能发现,因此,对色差有严格要求的特殊用途纱线,应规定混棉主体成分黄度 +b 和反射率 Rd 的范围值。为防止因混棉成分组合不当引起色差,需根据生产实践制订黄度 +b 和反射率 Rd 变异系数参考标准。

表 3-8 为 18.5 tex 混棉颜色级参考标准。变异系数按通用公式计算。

表 3-8　18.5 tex 混棉颜色级参考标准

混棉模糊关联颜色级	黄度 +b 变异系数(%)	反射率 Rd 变异系数(%)	评价等级
白棉31	≤8.0	≤6.0	优
	≤10.0		良
	≤12.0		一般

GB1103.1—2012 适用于锯齿加工细绒棉,试验表明,进口棉、皮辊棉、长绒棉也可参照。

3.6 技术品级与颜色级应用实例

3.6.1 技术品级应用实例

3.6.1.1 原棉分类组批管理

棉花标准规定,按批检验的棉花质量标识按主体颜色级、长度级、主体马克隆值级顺序标示。例如,白棉 3 级,长度 28mm,主体马克隆值级 B 级,质量标识为3128B。棉花质量标识有其重要的商业意义,但对配棉技术管理工作的指导尚欠"精确"。纺织企业应对这一管理方式进行变革,即从技术角度出发,对按批检验的商业原棉赋予新的涵义。

基于 HVI 数据进行组批的实质是:根据原棉 HVI 数据信息,将符合特定质量指标条件的原棉聚类,并形成综合协调与匹配的原棉质量标识。新的质量标识代码为:产地/技术品级(等级,A~E 级)/颜色级。

技术品级分 5 个等级(A~E 级),其区间范围为:A 级[=1.00];B 级[>1.00;≤2.00];C 级[>2.00;≤3.00];D 级[>3.00;≤4.00];E 级[>4.00;≤5.00]。新的质量标识代码有利于对原棉进行组批和仓储管理。

表 3-9 是按照产地、技术品级(等级)和颜色级进行原棉质量统计的一个示例。表 3-10 是根据表 3-9 按照产地、技术品级(等级)和颜色级聚类组批的,原18 批数量不等的原棉经重新组批,形成 10 大类,表中的"批数"是组合数。配棉时,对逐包检验未组批或已组批但数量少的原棉,按分类组批的原则重新编号使用;对数量多的原棉虽然与其他原棉统一参与分类组批,但应保留原编号单独使用。

表 3-9　原棉质量统计表

序号	厂内编号	产地	技术品级	上半部长度(mm)	整齐度(%)	断裂比强度(cN/tex)	马克隆值	黄度+b	反射率 Rd(%)	颜色级
1	2810	山东	2.71	28.88	82.50	27.80	4.10	8.50	79.00	白棉 31
2	2832	山东	3.01	29.94	82.80	28.10	4.29	8.70	79.70	白棉 31
3	2872	山东	2.17	29.46	83.60	30.60	4.16	8.00	82.00	白棉 21
4	2875	山东	2.83	29.59	83.60	29.20	4.30	8.90	80.40	白棉 21

序号	厂内编号	产地	技术品级	上半部长度（mm）	整齐度（%）	断裂比强度（cN/tex）	马克隆值	黄度 + b	反射率 Rd（%）	颜色级
5	6129	新疆	1.73	30.31	83.90	31.50	4.12	7.60	85.20	白棉 11
6	6152	新疆	1.75	30.58	83.51	32.69	3.93	7.37	82.29	白棉 31
7	6209	新疆	1.84	30.74	82.30	31.50	4.00	8.70	85.50	白棉 11
8	6220	新疆	1.84	30.66	82.50	31.10	3.90	8.60	85.20	白棉 11
9	6235	新疆	1.79	30.04	83.66	31.98	4.17	7.96	82.32	白棉 21
10	6356	新疆	1.00	32.19	85.67	36.50	3.71	8.20	81.58	白棉 21
11	6377	新疆	1.00	32.89	85.27	35.37	3.68	8.03	81.70	白棉 21
12	8200	美棉	1.94	31.04	83.51	32.62	4.59	8.49	78.57	白棉 31
13	8206	美棉	3.65	27.76	80.20	30.90	5.01	8.00	78.90	白棉 31
14	8207	美棉	2.83	27.84	80.20	29.40	3.70	8.50	79.50	白棉 31
15	8226	美棉	3.91	27.82	80.20	28.80	5.20	8.20	78.90	白棉 31
16	8319	美棉	3.30	28.04	80.70	29.10	4.44	8.40	79.60	白棉 31
17	8320	美棉	2.03	30.08	81.06	32.87	4.04	8.69	78.01	白棉 31
18	8332	美棉	1.94	30.00	82.19	31.90	4.08	8.57	79.30	白棉 31

表 3 - 10　原棉分类组批统计表

序号	质量标识	批数
1	新疆 A 级 / 白棉 21	2
2	新疆 B 级 / 白棉 11	3
3	新疆 B 级 / 白棉 21	1
4	新疆 B 级 / 白棉 31	1
5	山东 C 级 / 白棉 21	2
6	山东 C 级 / 白棉 31	1
7	山东 D 级 / 白棉 31	1
8	美棉 B 级 / 白棉 31	2
9	美棉 C 级 / 白棉 31	2
10	美棉 D 级 / 白棉 31	3

3.6.1.2　制订配棉技术标准和配棉实施方案

配棉是一项技术性、经济性、实践性很强的工作,它涉及的因素众多而复杂。

技术品级有机地将原棉内在质量统一在具体指标内,可以综合反映原棉的特性,有利于制订配棉技术标准和配棉实施方案。

在制订配棉初始方案时,要考虑多方面的因素,如原棉产地、原棉库存、包型规格、棉台容量、生产计划、混棉队数与各队包数、混棉成本与混棉质量等,并根据这些因素建立配棉技术经济模型。其中,技术品级是配棉初始方案的重要约束条件,其变异系数应控制在标准以内。

完整的配棉方案包括接批棉在内,接批棉是配棉方案的重要组成部分。在实际进行接批棉方案优选时,往往涉及的指标很多,而这些指标又可能分别属于不同的层次和类别,因此对复杂的优选问题,通常采用多层次的模糊优选。其方法是,首先对全部原棉进行排序,排序规则为:产地→技术品级→颜色级。其中原棉产地的排序按产地聚类,技术品级按升序排序,颜色级按棉花类型级别代号降序排序。

技术品级是配棉成分的重要信息,特别是断批棉与接批棉的技术品级,原则上应控制在 ±0.5 之内。

表 3-11 是 C9.8tex 配棉成分分类排队表(含接批棉)。

表 3-11 C9.8tex 配棉成分分类排队表(简表)

队号	产地	技术品级	颜色级	混棉比(%)	混用包数	使用天数	上半部长度(mm)	整齐度(%)	断裂比强度(cN/tex)	马克隆值
1	新疆	1.34	白棉11	19.52	7	8	30.74	82.30	31.50	4.00
接批	新疆	1.23	白棉11			30	30.31	83.90	31.50	4.12
2	山东	1.42	白棉21	19.58	7	22	29.46	83.60	30.60	4.16
3	美棉	1.44	白棉31	13.49	5	22	30.00	82.19	31.90	4.08
4	新疆	1.25	白棉21	14.26	5	24	32.89	85.27	35.37	3.64
5	新疆	1.29	白棉21	16.76	6	40	30.40	83.66	31.98	4.17
6	新疆	1.24	白棉21	16.39	6	45	30.58	83.51	32.69	3.93
平均	断批0	1.27	白棉21				30.55	83.39	32.21	4.00
	断批1	1.23	白棉21				30.47	83.70	32.20	4.02
	本期	1.25	白棉21				30.51	83.54	32.20	4.01

对配棉实施方案进行总体评价时,应特别重视技术品级 CV 值和黄度 +bCV值。

3.6.2 颜色级应用实例

表 3-12 和表 3-13 是两个不同的混棉方案,均为细绒棉。

表 3-12 混棉方案 I

队号	产地	包重(kg)	混棉比(%)	混用包数	黄度 +b	反射率 Rd(%)	颜色级
1	新疆	227.70	16.71	6	8.50	80.70	白棉31
2	新疆	227.10	16.67	6	7.60	83.00	白棉21
3	新疆	226.80	24.97	9	9.20	78.10	白棉31
4	新疆	226.30	8.30	3	9.30	81.30	白棉11
5	山东	226.90	16.65	6	8.20	77.30	白棉41
6	山东	227.60	16.70	6	8.30	82.10	白棉21

表 3-13 混棉方案 II

队号	产地	包重(kg)	混棉比(%)	混用包数	黄度 +b	反射率 Rd(%)	颜色级
1	新疆	227.70	16.71	6	8.50	80.70	白棉31
2	新疆	227.10	16.67	6	7.60	83.00	白棉21
3	新疆	226.80	16.64	6	9.20	78.10	白棉31
4	新疆	226.30	16.61	6	9.30	81.30	白棉11
5	山东	226.90	16.65	6	8.20	77.30	白棉41
6	美棉	227.80	16.72	6	11.30	78.10	淡黄13

经计算,混棉方案 I 模糊关联颜色级是白棉31,黄度 +b 变异系数为6.77%,反射率 Rd 变异系数为2.66%。虽无主体颜色级,但均为白棉类型。各颜色级连续相邻,说明混棉方案 I 颜色级可信度高,该混棉方案可行。混棉方案 II 模糊关联颜色级也是白棉31,但黄度 +b 变异系数为13.04%,反射率 Rd 变异系数为2.58%。无主体颜色级,白棉与淡黄染棉不相邻,且类型相差3个,说明混棉方案 II 会导致色差,故该混棉方案不可行。

生产实践证明,当黄度 +b 变异系数超过12%时,混棉色差将逐渐加重。表 3-13 中,尽管混棉颜色级平均为白棉31,但在混棉中,队号 1~5 白棉类型与队号 6 淡黄染棉13 之间离散程度过高,中间又无连续过渡的颜色级搭配。这种情况下,即使在清梳工序混和非常均匀,也难免产生色差。

关于技术品级和颜色级的应用,在以后章节继续阐述。

第4章　配棉技术经济模型

4.1　配棉技术概述

4.1.1　配棉的目的

原棉的主要物理性质,如上半部长度、整齐度、断裂比强度、马克隆值等,都随棉花生长条件的不同而存在着较大的差异。原棉的这些性质与纺纱工艺、纱线质量有着密切的联系。为了充分发挥和合理利用不同原棉的特性,达到稳定生产、保证质量、降低成本的目的,纺织企业一般不采用单唛头纺纱,而是把几种原棉搭配组成混和棉使用。这种多种原棉搭配使用的方法称为配棉。

配棉时要根据纱线质量要求,结合原棉特点制订出混和棉的各种成分与混用比例的最佳方案,以及按产品分类编制配棉排队表。做好配棉工作,不仅能增进生产效能,提高纱线产量、质量,而且对降低纺纱成本有显著影响。

4.1.1.1　保持生产和纱线质量相对稳定

为了优质低耗地进行生产,要求生产过程和纱线质量保持相对稳定。保持原棉性质的相对稳定是生产和质量稳定的一个重要条件。如果采用单一唛头纺纱,当一批原棉用完后,必须调换另一批原棉来接替使用(称接批)。这样,次数频繁、大幅度地调换原料,势必造成生产和纱线质量的波动;如果采用多种原料搭配使用,只要搭配得当,就能保持混和棉性质的相对稳定,从而使生产过程及纱线质量也保持相对稳定。

4.1.1.2　合理使用原棉,满足纱线质量要求

纱线线密度和用途不同,其质量和特性要求也不同,加之纺纱工艺各有特点,因此,各种纱线对使用原棉的质量要求也不一样。另外,棉纺厂储存的原棉数量有多有少,质量有高有低,如果采用一种原棉或一个批号的原棉纺制一种纱线,无论在数量上还是在质量上都难以满足要求。故应采用混和棉纺纱,以充分利用各种原棉的特性,取长补短,满足纱线质量的要求。

4.1.1.3　节约用棉,降低成本

原棉是按质论价的,不同质量的原棉差价很大。原棉在纺纱成本中占80%左右,如果选用的原棉等级较高,虽然纱线质量能得到保证,但生产成本增加。因

此,配棉时要从经济效益出发,控制配棉单价和吨纱用棉量,力求节约用棉,降低成本。如在纤维长度较短的混和棉中,适当混用一些长度较长的低级棉,或在纤维线密度大的混和棉中,混用少量线密度较小、成熟较差的低级棉,不仅不会降低纱线质量,相反可使纱线强力有一定程度的提高。对于纺纱过程中产生的一部分回花、再用棉,可按配棉类别以一定比例回用或降级使用,也可起到降低成本、节约用棉的效果。

4.1.2　配棉原则

配棉的原则是质量第一,统筹兼顾;全面安排,保证重点;瞻前顾后,细水长流;吃透两头,合理调配。

质量第一,统筹兼顾,就是要处理好质量与节约用棉的关系。全面安排,保证重点,就是说生产品种虽多,但质量要求不同,在统一安排的基础上,尽量保证重点产品的用棉。瞻前顾后,就是要考虑到库存原棉、车间上机原棉、原棉供应预测三方面的情况来配棉。细水长流,就是要延长每批原棉的使用期,力求做到多唛头生产(一种线密度纱线,一般用 5~9 个唛头)。吃透两头,合理调配,就是要及时摸清到棉趋势和原棉质量,并随时掌握产品质量的信息反馈情况,机动灵活、精打细算地调配原棉。贯彻配棉原则时,应努力做到以下几点。

(1)稳定。力求混和棉质量长期稳定,以保证生产稳定。

(2)合理。在配棉工作中,不搞过高的质量要求,也不片面地追求节约。

(3)正确。是指配棉表上成分与上机成分相符,做到配棉成分上机正确。

在配棉成分的选用方面,一是要根据纱线种类和要求选配原棉。棉纺企业是多品种生产,从规格上讲,有粗特纱、中特纱、细特纱和特细特纱;从加工方法讲,有普梳纱和精梳纱,单纱和股线;就用途讲,有经纱和纬纱、针织用纱、起绒纱以及特种用纱等。品种不同,质量要求也不一样,在配棉时应分别予以考虑;二是要根据纱线的质量考核项目选用原棉。棉纱质量的好坏,除与生产管理、工艺条件、机械状态、操作水平等有关外,还和原棉的优劣及其使用的合理与否有密切的关系。因此,掌握好纱线质量对原棉的不同要求,以及它们之间的相互关系,充分发挥各种原棉的长处,对提高纱线质量、稳定生产和降低成本等方面都起着很重要的作用。

4.1.3 配棉成分的选用

4.1.3.1 根据纱线种类和要求选配原棉

纱线品种不同,质量要求也不一样,在配棉时应分别予以考虑。

(1)棉纱的线密度。特细、细特纱一般用于高档产品,要求强力高、外观疵点少、条干均匀度好。配棉时应选用色泽洁白、品级高、纤维细、长度长、杂质和有害疵点少的原棉,一般不混用再用棉。中粗特纱的质量要求较低,所用的纤维可以适当短粗些,以细绒棉为主,同时还可混用一些再用棉及低级棉。

(2)精梳纱和普梳纱。精梳纱要求外观好、条干均匀、棉结杂质少。精梳工序对排除棉结比较困难,对含棉结较多的原棉不宜多用,对成熟度过差和含水率较高的原棉,应避免使用。普梳纱选用含短绒较少的原棉对提高纱线强力有利。

(3)单纱和股线。单纱和股线的捻向一般是相反的,股线中的纤维与股线轴的夹角小,因此,纤维强力利用率高,股线强力大为增高。单纱并合成股线后,条干获得改善,单纱上的疵点有被包卷在线内的可能,从而降低了显露在外部的机会。股线用于经纱较多,经纱用股线时对原棉的要求,比用单纱时对原棉的要求可略低。

(4)经纱和纬纱。经纱在生产过程中承受张力和摩擦的机会较多,所以,经纱强力要求较高,配棉时应选用纤维较细长、强力较高、成熟度适中、整齐度较好的原棉。由于在准备及织造工序中,纱线上的棉结杂质去除机会较多,且经纱还须经过上浆,所以,对原棉的色泽和含杂要求可略低。

纬纱不上浆,准备工序简单(直接纬纱不经准备工序),去除杂质的机会少,同时纬纱一般多浮于织物的表面,故其色泽、含杂对织物的外观及手感影响大;纬纱在织造时所受的张力小,故对强力要求不高。因此,宜选用色泽好、含杂较少、较粗短、强力稍差的原棉。

(5)针织用纱。针织纱大多用作内衣,要求柔软舒适,故捻度较少;针织纱对条干的要求很高,粗细不匀的纱在针织物上表露特别明显。因此,配棉时对纱线强力、条干、疵点各方面都要照顾到,应选用纤维细长、整齐好、成熟度正常、短绒率低、疵点少的原棉。

(6)染色用纱。浅色布对原棉的要求高,不能混用成熟度低、差异大的原棉,否则,纤维混和不匀时,染色后会产生条花或斑点。深色布对纤维吸色要求高,故成熟度要好,以防染色不匀。漂白布和一般染色布所用的原棉可稍次,若坯布上略有条花疵点时,经染色或漂白后可以消除,但漂白布用的原棉忌带油污麻丝等。印花布对原棉要求可更低些。这是因为印花布上的棉结杂质,可以被印花所覆盖,一般轻微横档、条花疵点也不易察觉。

(7)特种用纱。特种用纱的种类很多,应按用途不同进行选择。如轮胎帘子线应选用纤维长而细、整齐度好、强力高的原棉,对色泽含杂要求可较低。起绒纱要求纤维粗而短,以利起绒,对棉结杂质要求不高,可以选用品级较差的原棉。而绣花线、缝纫线用纱等要求采用强力较高、色泽好、棉结杂质少的原棉。

4.1.3.2　根据纱线的质量指标选用原棉

(1)单纱断裂强度和单纱断裂强力变异系数。

①原棉的线密度和成熟度。棉纤维线密度和成熟度对纺不同线密度纱的影响程度是有差别的,对细特纱的影响要大一些,如果细特纱用细纤维,纱线强力就显著增加;粗特纱用细纤维,对纱线强力的提高较小。相反,纺粗特纱时,如原棉成熟度过低,纤维强力低,使纱线强力显著下降。

②原棉长度和短绒含量。纤维长度长,纤维间接触机会多,摩擦抱合力大,纱线强力高。尤其在纺细特纱时,纤维长度对纱线的强力影响更显著。但长度增加过多,纱线强力增加的幅度并不显著,反而会使成本增加。原棉中短纤维含量多时对纱线强力不利,且强力不匀率也较大。

③产地和色泽。各原棉产地自然条件不同,棉花采摘迟早不一,原棉的色泽有较大差异,而色泽在一定程度上反映棉纤维成熟度的好坏。

(2)百米重量变异系数。百米重量变异系数主要是由机械状态决定的,但与原棉的性质和配棉工作也有关系。当配棉成分变动,接批前后原棉的长度、线密度、短绒率、含水率以及棉包密度等差异大时,会影响纱线的百米重量变异系数,这是因为原棉唛头调动而影响牵伸效率变化的结果。

(3)条干均匀度。影响条干不匀的主要因素是工艺参数、机械状态、车间温湿度及操作方法等,但与原棉的性质也有关系。

①线密度。棉纤维愈细,纱线条干愈均匀,但棉纤维的线密度不匀率高对纱线条干不利,适当降低纤维的平均线密度对条干均匀度是有利的。实践证明,采用“粗中夹细”即搭用5%~10%纤维线密度较小的低级棉纺纱,既可利用低级棉降低成本,又不影响纱线质量。

②短绒。影响条干均匀度的原因是牵伸机构不能有效控制短纤维的运动,使纤维在牵伸过程中呈游离状态,而且原棉中短绒愈多、长度愈不整齐,纱线条

干就愈差。

③棉结杂质。棉结和带纤维籽屑是形成棉纱粗节的主要因素。棉纱上的粗节大多是由于棉结杂质形成的,另外,在牵伸过程中,结杂还会干扰其他纤维的正常移动,造成棉纱条干不匀。因此,在配棉时,对原棉的成熟度、含水率以及棉结、软籽表皮、带纤维的籽屑等都要注意掌握。

(4)棉纱的结杂粒数。在配棉时,对于结杂粒数的控制,一般应考虑以下几点。

①成熟度与轧工。原棉的成熟度是影响棉纱结杂的重要因素,成熟度差的原棉,纤维刚性差,在纺纱过程中容易扭曲形成棉结;棉花轧工不良也会形成棉纱棉结。

②原棉含杂。原棉中的僵片、带纤维籽屑、软籽表皮等疵点,对纱线棉结杂质影响较大,这些杂质在机械作用下,很容易碎裂,因此,棉纱上的杂质粒数要比原棉中杂质数多。

③原棉含水率。原棉含水率高,纤维间粘连力大、刚性低、易扭曲,杂质不易排除,纱线棉结杂质增多,当原棉成熟度差时尤为显著。原棉含水率过低,杂质容易破碎,纱线结杂增加,而且车间飞花多,棉纱表面有毛羽。低级棉含水率一般较高,对纱线结杂粒数影响较大。

此外,黄白纱对织物外观有直接影响。产生黄白纱的主要原因是混棉颜色级搭配比例不当所致。在配棉时,应根据不同黄白程度注意均衡搭配使用。再者,对某些含糖高、含蜡高的原棉,纺纱时容易产生绕罗拉、绕胶辊及绕胶圈的"三绕"现象,应适当控制使用,或经处理后再用。

在实际生产中,纱线质量方面出现的问题是比较复杂的,应根据不同时期和质量上的不同情况,找出它的主要方面,在配棉时有所侧重地加以解决。

4.1.4 配棉方法

棉纺厂普遍使用的配棉方法是分类排队法。所谓分类,就是根据原棉的特性和各种纱线的不同要求把适合纺制某类纱的原棉划为一类(如细特或粗特,经纱或纬纱等),生产品种多,可分若干类。所谓排队,就是将同一类的原棉,按地区、性质、质量基本接近的排在一队中,以便接替使用。然后与配棉日程相结合编制成配棉排队表。分类排队配棉法,是我国在长期实践中总结出来的一种科学的配棉方法。其优点是有计划地预先安排好一个阶段各种纱的配棉成分,对整个配棉工作也做出了规划。这样,可保证混和棉性质的稳定,有利于技术措施的施行,使纱线质量从原有的基础上获得提高,并达到节约用棉、降低成本的目的。

4.1.4.1 原棉的分类

(1)根据纺织产品对纱线的要求分类。原棉可按纺织产品对纱线的不同要求分类。纺制质量等级相同并处在一定线密度范围的纱线,可选用大体相同的配棉质量,构成一个配棉类别。

(2)根据配棉质量指标及其差异分类。每一个配棉类别的配棉成分范围,由配棉质量指标及其差异确定。混和棉中质量指标的差异不宜过大,高档品差异要小,低档品差异可稍大。原棉色泽是否有丝光,手感是否柔软富有弹性,往往因产地而异,故配棉质量也要求"产地"稳定。

(3)根据不同加工处理方法分类。含杂或疵点差异大的原棉,需经不同的清梳处理。而金属针布与弹性针布、精梳与普梳的加工处理原棉效果也不同。因此,原棉分类应与不同加工处理方法相协调,以便充分发挥各种机械的特点。

为稳定纱线质量,还应结合变化因素,对原棉分类作必要的调整。例如,实际生产中,在一段时期内,各线密度纱的质量或同一线密度纱的各项指标存在某些不平衡现象,有的质量较好,有的却达不到质量标准。又如气候条件变化,遇黄梅雨季、高温或干冷天气时,生产难以控制。这时,配棉分类就要作适当的调整。此外,还要注意早、中、晚期棉,成熟度不同,要预防新棉开始使用和晚期棉影响纱线质量的波动。

4.1.4.2 原棉的排队

在分类的基础上将同一类原棉排成几个队。把地区、性质接近的排在一个队内,以便当一个批号的原棉用完后,用同一个队中的另一个批号的原棉接替上去,使混和棉的性质无显著变化,达到稳定生产和保证纱线质量的目的。为此,原棉在排队时应考虑如下因素。

(1)主体成分。为了保证生产过程和纱线质量的相对稳定,在配棉成分中应有意识地安排某几个批号的某些性质接近的原棉作为主体,一般以地区为主体,也有的以长度或颜色级为主体。如果以长度为主体,则某种长度的原棉应占大多数。如果以颜色级为主体,则作为主体的某种颜色级的原棉应占大多数。主体原棉在配棉成分中应占70%左右,这样,可以避免质量特别好或特别差的原棉混用过多,从而使纱线质量保持稳定。但由于原棉的性质是很复杂的,在具体工作中,若难以用一种性质接近的原棉为主体时,可以采用某项性质以某几批原棉为主体,但要注意同一性质不要出现双峰。

(2)队数和混用百分比。队数和混用百分比两者有直接关系。队数多,混用百分比小;队数少,则混用百分比大。但队数过多,车间现场管理工作不便;而队数过少,由于混用百分比过大,接批时容易造成混和棉性质有较大的差异。

确定队数首先考虑混棉方式,如果采用人工小量混棉,队数最好不要超过6队;抓棉机混和时队数可适当增加;棉条混棉时,应考虑并条机上棉条的搭配比例。其次要考虑总用棉量的大小,总用棉量大或每批原棉数量少时,则队数宜多。再者要考虑原棉产区、品种和质量等,原棉产区辽阔、品种复杂以及质量差异较大时,队数宜多。最后还要考虑产品的品种和要求,如产品的色泽等要求较高时,队数宜多,纱线质量波动较大时,队数也要多些。目前配棉队数一般为5~9队。在队数确定后,可根据原棉质量情况及纱线质量要求确定各种原棉混用百分比。为了减少纱线质量的波动,最大混用百分比一般为25%左右,若先后接替原棉的主要性质差异过大,则混用百分比应控制在10%以内。

(3)原棉接批的性质差异。在正常情况下,重点控制原棉产地、上半部长度、整齐度、断裂比强度和马克隆值。

(4)抽调接替。其目的是使混和棉的质量少变慢变,从而保持相对稳定。抽调接替的方法为分段增减和交叉替补。

①分段增减。分段增减就是把一次接批的成分,分成两次或多次来接批。例如配棉成分为25%的某一个批号的原棉即将用完,需要由另一个批号原棉来接替,但因这两个批号原棉的性质差异较大,如采取一次接批,就会造成混和棉性质的突变,对生产不利。在这种情况下,可以考虑采用分段增减法来接批,即在前一个批号的原棉还没有用完前,先将后一个批号的原棉换用10%,等前一个批号用完后,再将后一个批号的原棉成分增加到25%。根据原棉情况,也可分多段完成。

②交叉替补。在接批时,某队中接批的原棉的某些性质较差。为了弥补,可在另一队原棉中选择一批在这些指标上较好的原棉同时接批,使混和棉质量的平均水平保持不变。

此外,还应掌握同一天内接批的原棉批数,一般不超过两批,以百分比计,不宜超过25%。排队时,应事先算出某线密度纱在本期的用棉量,并求出每种成分的每天使用量,再算出每批原棉的使用天数,就可进行初排。排队完毕,做成配棉排队表,以此表作为领料、发料和投产管理工作的依据。

4.1.5 混棉均匀度控制

纤维包排列方式有圆盘式与直线式两种,分别适用于圆盘式抓棉机与往复式抓棉机抓取纤维。圆盘式的特点是结构简单实用,配置在开清棉工艺流程中;而往复式抓取技术特点是单程抓取纤维多,产量高,主要配置在清梳联工艺流程中。

排包有两种不同方式,但实现原料混和的措施基本相同,即纤维包排列→抓棉机抓取纤维→混棉机混和。纤维包排列的合理性决定了原料最终混和的均匀性。

抓棉机逐包抓取纤维块是对纤维原料实施边开松边混和的操作,但抓取的方式不同混和效果也不同。可以说,圆盘式纤维包排列混和作用持久、细致,而直线式纤维包排列,多种原料混和过于集中,特别是对混和成分中的小比例纤维包很难实现均匀地混和到大比例成分中去。

4.1.5.1 圆盘式抓棉机

圆盘式抓棉机纤维包排列台是相对于抓棉机转台的圆环,由于抓取的打手绕中心作旋转运动时,在指定的一个旋转角度内,中心内环弧长较外环的短。因此,圆盘式抓棉机打手抓取置于内环的一包纤维时,同时可抓取外环多包纤维,即置于内环的一包纤维可以均匀地混和到外环的多包纤维中去。按这个原理,排列纤维包时,小比例成分的纤维包原料置于内环,而大比例成分的纤维包原料置于外环,即按混和比例由小变大将原料沿圆盘半径方向排列,同种原料在同一圈内沿着其放置层圈圆周均匀分布。这样抓取纤维的打手在抓取混和时就确保了各种纤维混和的充分性与均匀性,同时也充分考虑到了小比例成分的原料,使其能充分均匀地混和到整个原料中去。将同一种原料的纤维里外环上交错排列,认为能使纤维包混和更均匀是错误的。因为,纤维块的混和首先要能同时抓取多种成分,其次是在打手完成抓取纤维一周过程中,各种成分被抓取的时间间隔要均匀。而被抓取的多种成分的纤维块进入输纤管道,在涡旋气流的作用下,自然能得到充分均匀的混和。

纤维包的松紧程度不同,抓棉机抓取纤维的大小不同。此外,圆盘式抓棉机打手由于运动的线速度内环较外环小,在内环抓取的纤维块要比外环的小。因此,将密度大的纤维包置于内环或置于每一打手齿密段的内侧,有利于抓取纤维块大小的均匀性。

排列在内环的纤维包底的长边沿圆周方向放置,能够将其成分分布到外环更多的原料中去,使混和更趋均匀。而外环的纤维包底的短边沿圆盘的半径方向排列,也同样可以确保小比例成分原料充分、均匀地混和到其他原料中去。

小比例成分置于内环,而其他成分的纤维包排列内、中、外,尽可能使其排列的圆周较大。这样,众多的大比例成分的纤维包易排列,小比例能均匀、充分地混和到原料中去,中间虚空部分可填些回花、再用棉。

4.1.5.2　往复式抓棉机

按照纺纱工艺要求,抓棉机要按混棉成分比例抓取原料,组成一个连续不断的稳定的混棉单元,供后道工序多次混并,使最终产品的任何截面内都包含有全成分按比例混和的原料。每个混棉单元内要求各种成分和混棉比例保持最小偏差,不发生某种成分缺少或过度超量。

提高往复式抓棉机混棉效果的主要措施有以下几个方面。

(1)抓棉机采用宽幅抓臂、双抓辊。往复抓棉机抓臂由1500 mm、1700 mm加宽到2300mm,结合双抓辊,抓臂每次抓取棉包数基本接近全成分混棉,提高了瞬时混和效果,也提高了入仓原棉的混和质量。圆盘抓棉机现也有2300mm幅宽,一般配置两台并联使用。

(2)采用小单元混棉,按配棉成分组合排包。将排包方法由大单元排包改为"小单元混棉、按配棉成分组合排包"的方法后,对混和效果有明显的改善。

①"小单元混棉"即把一个大混棉单元分成若干个小混棉单元。如FA009－230型抓棉机一般可排90个国产标准棉包,按配棉成分分为30个小混棉单元,每个小混棉单元3包,可缩短混棉不匀周期,并提高混和比。

②"按配棉成分组合排包"即30包的一个混棉单元。根据配棉成分交叉排列,使每次抓棉时都能抓到主要成分,可以稳定混和质量。

(3)采取"快抓、浅抓"的工艺措施。在保证供应、提高往复抓棉机效率的前提下"快抓、浅抓",做到小棉束抓取。"快抓、浅抓"是相互关联的,在同样产量前提下,往复速度快就要减小抓臂下降量即"浅抓",不然运转率就降低,棉束重量大,不利于均匀混和。"快抓"也是为了缩短混棉不匀周期,使喂入多仓混棉机的每一个全成分棉量降低,提高混和比,增加多仓并合混和的概率。

4.1.6　配棉成本管理

配棉成本管理是纺织企业成本管理工作的重点。企业要取得最佳经济效果,首先要充分讲究原料的经济使用,最大限度发挥原料的可纺性能。其次,要在保证成品质量要求的前提下,尽可能合理地降低原料消耗。为此,企业应制订合理的原料消耗定额。

4.1.6.1　消耗定额的制订方法

消耗定额的制订方法主要有两种。

(1)经验统计定额。经验统计定额是以企业历史资料为基础,适当地进行一些比较笼统的估算和修改而确定的,这种方法比较简便。

(2)技术定额。技术定额是采用测定和技术计算的方法制订定额,并随着生产条件的变动而定期修改这些定额。

4.1.6.2　影响配棉成本的技术因素

配棉成本的高低决定于用棉量与原棉单价。影响配棉成本的技术因素,主要有纱线质量要求、原棉可纺性能、工艺设计。

(1)纱线质量要求。不同用途的纱线有不同的质量要求,而部分质量项目会影响用棉成本的高低。质量与成本往往是有矛盾的,要讲求质量与成本的有效统一,否则会出现消耗无限地服从质量要求或片面节约原料的偏向。

(2)原棉可纺性能。所有原棉的可纺性能都直接、间接影响用棉成本。

(3)工艺设计。在工艺设计中,对用棉成本关系最大的是除杂。因为除杂要产生各种不可等值利用的落棉等损耗。清棉、梳棉两间落棉要占总落棉的 80% ~ 90% ,是影响用棉定额的关键工序。

用棉成本管理的主要方面之一,在于结合质量要求,控制落棉,尽量利用有效纤维。但是,落棉只是落杂的手段,本身并不是目的,所谓控制落棉,就是要多落杂而少落白(有效纤维)。

中国纺织工业联合会(原国家纺织工业局)《棉纺织产品定额成本计算办法》(2000 年)中的用棉定额,是按行业平均水平制订的,企业应在此基础上应制订企业内部用棉定额。企业应该通过技术测定、试验和测算,结合历史统计资料来制订。用棉定额是一个综合数字,其组成包括和用回花、再用棉等因素,也包括各工序制成率、累计制成率、生产回花、落棉等因素。

《棉纺织产品定额成本计算办法》(2000 年),对纯棉产品用棉定额提出了参考标准。表 4 - 1 为部分纯棉纱单耗定额标准。企业可根据具体情况制订自己的参考标准。

表4-1　纯棉纱单耗定额标准

配棉及用途别 单位用量 项目		细乙:13~19.5 特(30~45 英支)平布、麻纱、斜纹、直贡、半线织物(平布、哔叽、华达呢、卡其)的经线、细帆布、漂布、印花布等		中甲:20~30.7 特(19~29 英支)府绸、纱罗、灯芯绒、纬纱割绒、织布起绒、汗衫、棉毛衫、薄型绒衫深色布、轧光和染色要求高的产品		中乙:20~30.7 特(19~29 英支)平布、斜纹、哔叽、华达呢、卡其、直贡、半线织物(哔叽、华达呢、卡其、直贡)的纬纱、色织被单、中帆布、鞋布	
		定额数量		定额数量		定额数量	
	甲	制成率	数量	制成率	数量	制成率	数量
和用:原棉		94.26	1078.57	94.72	1070.69	94.19	1064.77
	他特斩抄	0.71	8.12	0.72	8.09	1.25	14.09
	本特回花	5.03	57.52	4.56	51.55	4.56	51.55
	本特斩抄						
混用棉小计		100.00	1144.21	100.00	1130.33	100.00	1130.41
减:生产回花		5.03	57.52	4.56	51.55	4.56	51.55
	生产斩抄	1.52	17.39	1.52	17.13	1.52	17.18
	生产精落						
	生产下脚(破籽、车肚等)	4.26	48.70	4.42	49.95	4.42	49.95
超(+)或欠(-)杂		(-)0.53	(-)6.03	(-)0.28	(-)3.21	(-)0.28	(-)3.21
盈(-)或亏(-)		(-)1.26	(-)14.57	(-)0.75	(-)8.49	(-)0.76	(-)8.52
清至细原料		87.40	1000.00	88.47	1000.00	88.46	1000.00
补充资料	和用锯齿棉率	100.00		100.00		100.00	
	原棉标准含杂率	2.50		2.50		2.50	
	定额配棉含杂率	1.95		2.20		2.20	
	清花除杂效率	50.00		55.00		55.00	
	破籽含杂率	50.00		56.00		56.00	
	推算花卷含杂率	0.92		0.94		0.93	
	车肚对花卷含杂率	145.00		140.00		140.00	
	定额配棉平均品级	2.30		2.30		3.00	
	定额配棉平均长度	29.00		28.00		27.00	

4.1.6.3　降低用棉成本的途径

从生产技术上讲,降低用棉成本的途径,主要有以下几个方面。

（1）设备方面。保持各道工序的正常机械状态，是正确处理提高质量与节约用棉之间的矛盾的重要前提。特别是对棉结杂质与节约用棉的矛盾，必须保持梳棉的"四快一准"和磨针操作法，这是一项极其重要的基础性工作，必须经常抓紧。

（2）工艺方面。提高清梳各机除杂效率与落棉含杂率；根据原棉性能合理负担清梳落棉；减少清、梳、条、粗各工序中短绒的产生。

（3）操作方面。从清棉拆包开始，各道工序各个工种的操作是否按操作规程进行，非但对质量，而且与成本影响很大。例如，回花产生过多，往往是由于操作不良造成的，会造成人工、动力等费用成本损失。如果混纺产品与纯棉产品操作不慎相混，造成质量事故，则问题更为严重。

（4）合理回用再用棉。再用棉的价格比原棉要低得多。用再用棉代替原棉，这是降低用棉成本的重要途径。所谓合理回用再用棉，首先是指要经过处理，其次是指回用量要有所控制，以免影响质量。

4.2　配棉技术标准

4.2.1　配棉技术标准指标体系

原棉质量特性是纺纱工艺设计的重要依据。配棉时要根据纱线质量成本要求，结合原棉质量特性制订出混和棉的各种成分与混用比例的可行方案，以及按产品分类编制配棉排队表的工作。

配棉技术标准由下列指标组成。

（1）技术品级。技术品级是原棉上半部长度、整齐度、断裂比强度和马克隆值的综合评价指数，其物理意义为模糊等级值，无量纲。技术品级数值越小，则该原棉的综合质量越好。

技术品级的优越性可通过与纱线质量关系的定量分析来说明，详见第 5 章。

（2）技术品级变异系数。技术品级变异系数是反映混棉技术品级总体各单位标志值的差异程度的指标。由于参与配棉的原棉在数量和质量上存有各种差异，所以仅以平均指标来描述总体数量特征是不全面的，变异系数弥补了这一不足。

技术品级变异系数越大，表明总体各单位标志值的变异程度越大，平均指标的代表性就越小。技术品级变异系数直接影响到纱线条干均匀度和断裂强度。

（3）颜色级。混棉颜色级直接影响纱线色差。混棉颜色级的可信度主要通过黄度变异系数进行评价。

（4）黄度变异系数。黄度变异系数是反映混和棉黄度总体各单位标志值的差异程度的指标。原棉的黄度在纺纱加工过程中，其颜色级是不可改变的，当混和棉黄度的平均值即使不超过要求，但黄度变异系数超出范围时，仍会导致纱线色差。

（5）混棉差价。锯齿棉结算采用颜色级、长度、马克隆值、断裂比强度、长度整齐度和轧工质量、异性纤维含量7项指标作为制订差价的依据。白棉3级、长度28mm、马克隆值B级、断裂比强度S3（中等）、整齐度U3（中等）和轧工质量（中档）、异性纤维含量L（低）为标准级。混棉差价直接影响纱线成本。

原棉质量差价由中国棉花协会制订。2013年质量差价见表4-2和表4-3。

在表4-2中，长度从25～32mm，以1mm为级距；整齐度分5档，代号U1～U5；断裂比强度分5档，代号S1～S5；马克隆值分5档，代号A、B1、B2、C1和C2。轧工质量和异性纤维含量按标准级处理，价差为零，本表未列出。

表4-2　2013年细绒棉内在质量差价表　　　　单位：元/t

序号	长度差价	整齐度差价	断裂比强度差价	马克隆值差价
1	32mm/450	U1/100	S1/200	A/100
2	31mm/300	U2/50	S2/100	B1/0
3	30mm/200	U3/0	S3/0	B2/0
4	29mm/100	U4/-200	S4/-100	C1/-500
5	28mm/0	U5/-400	S5/-300	C2/-100
6	27mm/-200			
7	26mm/-500			
8	25mm/-800			

表4-3　2013年细绒棉颜色级差价表　　　　单位：元/t

级别	白棉		淡点污棉		淡黄染棉		黄染棉	
	代号	差价	代号	差价	代号	差价	代号	差价
一	11	600	12	-300	13	-900	14	-1600
二	21	400	22	-600	23	-1400	24	-3000
三	31	0	32	-1200	33	-2000		
四	41	-500						
五	51	-1000						

（6）用棉量。用棉量表示生产 1 吨棉纱所消耗的原棉数量（kg），其组成包括和用回花、再用棉、各工序制成率、累计制成率等因素。其可根据设备、工艺、产品用途等情况通过技术测定、试验和测算，结合历史统计资料来制订。用棉量直接影响纱线成本。

（7）纱线质量。根据国家行业标准或用户要求确定。

4.2.2　配棉技术标准示例

表 4 - 4 为普梳配棉技术标准示例。

表 4 - 4　普梳配棉技术标准示例

线密度（tex）（英制支数）	内在指标		外观指标		混棉差价		用棉量（kg/t）	纱线质量
	技术品级	技术品级 CV 值（%）	颜色级	黄度 +b CV 值（%）	颜色级（元/t）	内在质量（元/t）		
		≤		≤			≤	
14 ~ 15（43 ~ 47）	2.0 ~ 2.5	8.0	白棉 21白棉 11	8.0	300 ~ 600	225 ~ 350	1090	符合国家行业标准或用户要求
16 ~ 20（36 ~ 29）	2.5 ~ 3.0	10.0	白棉 31白棉 21	10.0	0 ~ 300	100 ~ 225	1086	
21 ~ 30（28 ~ 19）	3.0 ~ 3.5	12.0	白棉 41白棉 31	12.0	- 500 ~ 0	- 450 ~ 100	1082	

4.3　配棉模型的建立

配棉模型，就是对配棉问题抽象化了的数学表述，即运用适当的数学语言定量化地描述配棉问题的内在规律，从整体结构上描述配棉过程中各相关因素的依存关系和变化规律。

决策变量是建立模型的首要问题，对同一个问题，决策变量可以有不同的选择，决策变量不同，数学描述就不同，控制过程的发展也不同。因此，选择决策变量应从易于决策、易于控制、易于求解，符合实际等方面来确定，既要合理，又要可行。

目标函数体现对目标的评价准则。目标的评价准则一般要求达到最佳（最大或最小)、适中、满意等。目标函数往往表示成问题中各决策变量之间的线型或非线性的组合关系。配棉是一个多目标决策问题,其目标函数应能反映出配棉的最基本的特征。

4.3.1　建模分析

研究如何从理论和实践的结合上建立行之有效的配棉模型,对提高配棉精度,充分发挥原棉的使用价值,达到配棉技术与经济的有机统一,有着重要的意义。

建立模型与所依据的理论和实践有关。对于纯棉纺纱,企业普遍采用的是整包重量混棉法,即以整包的实际重量为单位,确定棉台的总容量(可容纳的总包数),按一定的比例进行混棉。

配棉的主要步骤如下。

(1)对原棉 HVI 数据按技术品级和颜色级进行分类组批;分析上期配棉成分,实际纱线质量,确定本期配棉技术标准。

(2)根据当前原棉资源、生产等情况,确定本期配棉的主体成分,混棉总量(总包数)、混棉队数,并相应地规定各混棉队数可使用包数的上下限。

(3)以棉台容量为约束条件(定值),计算混棉平均指标并预测纱线质量,组成初始配棉方案库。

(4)依据配棉标准,对多个配棉初始方案进行质量成本综合比较,确定实施方案;按接批原则处理断批棉,完成当期配棉(生产)进度,保证连续化生产。

(5)对包括接批棉在内的配棉实施方案进行总体评价。

按以上配棉步骤,应建立多目标层次结构配棉技术经济模型。该模型的特点是,在对复杂的决策问题的本质、影响因素及其内在关系等进行深入分析的基础上,利用较少的定量信息使决策的思维过程数学化,从而为多目标、多准则的配棉问题提供简便的决策方法。

4.3.2　配棉模型

配棉就是对有限的原棉资源进行最优分配,多目标层次结构配棉模型的初始决策变量为各队混棉的使用包数,目标函数值为混棉总包数(定值)。选择总包数作为目标函数值,是因为棉台容量最直观,可操作性最强,是连续化生产的基本条件。

约束即规则和限制。约束条件反映了决策变量与参数之间的应遵循的规则、限制和范围,它是由所研究的问题的特点所确定的。配棉过程较为复杂,因此必须抓主要条件,抓对分析问题起决定作用的条件。这不仅要保证每个约束条件合理,而且能使整个约束条件统一协调。

出于生产管理的需要(棉台操作及发挥机械效率),棉台总容量为定值(整包数)。配棉队数要根据配棉混和原则和抓棉机的特点确定,各队混棉包数应满足一定的上下限(百分比)要求。

设:配棉方案由 n 队组成,每队混用包数有 m 种选择。棉台(圆盘式或往复式)容量为 W_i 包;d_j 为原棉混用的队数;x_{ij} 为第 j 队原棉在第 i 个配棉方案中混用的包数;$G_j^{\pm}$ 为第 j 队原棉可混用包数的上下限。

仅考虑配棉队数、各队混用包数和棉台容量约束的配棉初始模型为:

$$W_i = \sum_{i=1}^{m} \sum_{j=1}^{n} d_j x_{ij} \tag{4-1}$$

$$G_j^- \leqslant x_{ij} \leqslant G_j^+ \quad j = 1,2,\cdots,n$$

$$x_{ij} = 0,1 \quad i = 1,2,\cdots,m$$

当棉台容量达到定值时,计算初始方案的混棉指标,模型为:

$$P_i = \sum_{i=1}^{m} \sum_{j=1}^{n} k_j q_{ij} \tag{4-2}$$

式中:i——原棉各项质量指标;

$\quad j$——配棉队号;

k_j——第 j 队原棉混用的百分比;

q_{ij}——第 j 队原棉的第 i 项质量指标值;

P_i——混棉的第 i 项平均质量指标值。

为进一步评价混棉质量指标情况以及对纱线质量和混棉成本的影响,需要对初始方案增加约束条件进行筛选。

约束条件指标,应遵循系统性、科学性、可比性、可测性、简约性和可运算性的原则。依据配棉技术标准,约束条件为:纱线质量(预测值)、混棉外观质量(颜色级、黄度 + bCV 值)、混棉内在质量(技术品级、技术品级 CV 值)、混棉差价和用棉量。这些指标既有极大型、极小型指标,又有区间性指标,体现了配棉技术经济原则,全面反映了质量与成本的统一,可从不同的侧面刻画配棉约束系统的特征。

(1)纱线质量(预测值)约束:

$$z_i \leqslant (\geqslant) Z_i \tag{4-3}$$

式中:z_i——第 i 项纱线质量预测值(条干 CV 值、断裂强度等);

    Z_i——第 i 项纱线质量的标准值。

(2)混棉外观质量指标约束:

$$a_i \leqslant A_i \qquad (4-4)$$

式中:a_i——第 i 项混棉实际值;

    A_i——第 i 项混棉标准值。

混棉外观质量特指颜色级和黄度 $+bCV$ 值。

(3)混棉内在质量指标约束:

$$b_i \leqslant B_i \qquad (4-5)$$

式中:b_i——第 i 项混棉实际值;

    B_i——第 i 项混棉标准值。

混棉内在质量特指技术品级和技术品级 CV 值。

(4)混棉差价约束:

$$c_i \leqslant C_i \qquad (4-6)$$

式中:c_i——第 i 项混棉实际差价;

    C_i——第 i 项混棉标准差价。

其中,i 表示不同配棉类别。混棉实际差价 c_i 为各混棉成分差价的加权平均值。

(5)用棉量约束:

$$d_i \leqslant D_i \qquad (4-7)$$

式中:d_i——第 i 项混棉实际用棉量;

    D_i——第 i 项混棉标准用棉量。

其中,i 表示不同配棉类别。

配棉方案应考虑到纱线质量与成本的协调统一。原棉价格受市场影响,同一原棉的价格,其原棉的质量不一定相同,难以规定原料成本标准值。由于技术品级与原棉价格密切相关,当界定了技术品级约束条件时,原棉价格也相应界定了范围。此时,可在多个可行方案中按成本排序选优,这样配棉实施方案就有了明确现实的技术经济意义。

4.3.3　模型的求解

配棉属 0-1 型整数规划问题,其变量仅取 0 或 1。决策变量 x_i 称为 0-1 变

量或二进制变量,条件可由下述约束条件来表示:

$$\begin{cases} x_i \leqslant 0 \\ x_i \geqslant 0 \end{cases} \tag{4-8}$$

或者

$$\begin{cases} x_i = 0 \text{ 或 } 1 \\ x_i \text{ 为整数} \end{cases}$$

求解 0-1 规划问题的一种明显的方法是穷举法,就是列出变量所有可能的 0 或 1 的每一种组合,循环组合数如下:

$$Z = \prod_{i=1}^{j} C_n^l \tag{4-9}$$

式中:C_n^l——某队原棉参与混棉组合的循环次数;

i、j——混棉队数,从第 i 队开始到第 j 队($i = 1,2,3,\cdots\cdots,j$)。

实际上,每次的循环组合并不一定能满足配棉模型中的约束条件,为此,必须经过条件过滤,以减少计算工作量。其基本思想是:在原棉分类排队的基础上,划出问题的最优可行域;这样在满足约束条件中,它一定是可行的,没有必要再去细算其他 0-1 组合;因为这些组合已隐函地被考虑到了,这在计算上会带来很有意义的效果。该方法称为隐枚举法。

配棉方案优选模型吸取了目标规划和整数规划的长处,使之有机地结合起来。实践中,由于混棉队数不多,各批号混用包数的上下限之差一般不超过 3 包,加之有些批号被指定为定值,在约束条件限制下,循环组合量不大。

隐枚举法与穷举法有着根本的区别,它不需要将所有的变量一一枚举,而是通过建立过滤条件使计算工作量大为减少。隐枚举法一般先求可行解,再排除劣解,最后从非劣解(有效解)中选择满意解。穷举法最大的缺憾在于迭代次数过大,而隐枚举法是对穷举法的改进,特点是改完全枚举为局部枚举,借助于计算机,在应用问题限定的约束范围内寻找满意解或最优解。配棉模型中,棉台总容量为定值(总包数),因而先检验是否满足它,若不满足,其他约束条件也就不必检查了。隐枚举法可以有效地解决非线性目标整数规划配棉问题,它的优点是与传统的配棉方法相吻合,直观易懂。

4.3.4 配棉接批棉的处理方法

配棉方案实施过程中,由于各队数使用的包数不尽相同,库存量也处于动态变化中。为连续生产的需要,当某一队数的原棉用完后,就要用另一队原棉接替,这队接替原棉称为接批棉,上一队原棉称为断批棉。

接批是配棉技术管理的重要组成部分。纺纱具有批量化、连续化的特征,为达到稳定生产的目的,在接批时要注意以下几个问题。

(1)原棉产地应相同或相近,当产地差异较大时,要控制混棉比例或采用分段增减的办法。

(2)由于包重不一样,接批棉对应的断批棉不能简单地以"包数"计算,而应统一折算为标准重量,在重量上大体相同,即混棉百分比相近。

(3)技术品级是原棉内在质量的综合指标,接批棉与断批棉的技术品级相差不能太大。

(4)颜色级应相同或相邻。

(5)原棉的价格应尽量一致。

接批,就是对断批的全面"模拟",其处理方法为:

取接批棉 $U = \{x_1, x_2 \cdots, x_m\}$ 为论域,其中 x_m 为可选的断批棉,x_m 具有原棉的综合特性,如技术品级,颜色级等。

在实际进行接批棉方案优选时,往往涉及的指标很多,而这些指标又可能分别属于不同的层次和类别,因此对复杂的优选问题,通常采用多层次的模糊优选。其方法是,对全部原棉进行排序,排序规则为:产地→技术品级→颜色级。其中原棉产地的排序按产地聚类,技术品级按升序排序,颜色级按棉花类型级别代号降序排序。

表4-5为接批棉优先关系层次排序表,也可以进一步细化。根据排序表,运用计算机编程,可以快速查找与断批棉相同或类似的接批棉,从而达到稳定产品质量的目的。

表4-5 接批棉优先关系层次排序表

排序号	接批棉因素集			说明
	原棉产地	技术品级	颜色级	
1	一致	一致	一致	接批棉与断批棉完全一致,此情况为最佳
2	一致	±0.1	±1级	产地一致,扩大技术品级、颜色级的范围
3	一致(或不一致)	±0.3	±1级	对产地无约束,扩大技术品级的范围
4	一致(或不一致)	±0.5	±2级	对产地无约束,扩大技术品级、颜色级的范围

技术品级是配棉成分的重要信息,特别是断批棉与接批棉的技术品级,原则上应控制在 ±0.5 之内。

4.4　混包排列模型与效果评价

配棉方案确定之后,如何按照抓棉机机型对各队不尽相同包数的棉包进行合理排列,使抓棉机在运行过程中保持各配棉成分均匀抓取,是实施配棉方案的关键一步。

混包均匀排列,是指各相邻混包单元的混和内在质量(技术品级)和外观质量(颜色级)协调统一,与总体混和的特征值相近,其目的是为后道工序的进一步混和奠定基础。

混棉均匀效果与抓棉机混棉包数、瞬间混和量、每队棉包成分的抓取概率以及混棉机仓数等有关。配棉方案可行,但若混包排列不当,将会直接影响纱线质量(包括色差)。

4.4.1　建模分析

对于纯棉纺纱,企业普遍采用的是整包混棉法,即以整包为单位,确定棉台的总容量(总包数)。棉台的总容量与棉包外形尺寸、抓棉机机型有关。例如:HVI 棉包的标准包重为 227kg,外形尺寸为长度 1400mm × 宽度 530mm × 高度 700mm;采用 FA009 - 230 型往复式抓棉机(幅宽 2300mm),轨道最大长度 52000mm,每一单元可排 3 包,最多 30 个单元,总容量 90 个棉包。

混包排列的主要步骤如下。

(1)对配棉队数、各队使用包数进行分析,按各队使用包数排序(降序),即包数最多的队号排在首位,包数最少的队号排在末位。各队排序后按英文字母编码,以利于标识管理。

(2)按技术品级(升序)→颜色级(升序)排序。

(3)根据棉包外形尺寸、抓棉机机型和混包总数,确定每一单元包数和单元组数。

(4)要求各单元技术品级、颜色级相近,相邻单元的均值相近。

按以上步骤,应建立多目标层次结构模型。

4.4.2 优化模型的建立

混包均匀排列方法的理论基础是层次分析法。层次分析法包括递阶层次结构原理、测度原理和排序原理，核心问题是排序。层次排序是优化棉包均匀排列的基础。

设：配棉方案由 n 队组成，$n = 1, 2, 3, \cdots, j$；每队 m 包，$m = 1, 2, 3, \cdots, i$。

(1) 层次排序。各队层次排序为：使用包数（降序）→技术品级（升序）→颜色级（升序）；排序后各队按英文字母 $A, B, C, \cdots, L$ 编码（限定队数最多12队，则最大编码为 L）。因同一队号棉包属性相同，所以编码必须一致。

排序后各队的集合：

$A = \{m_{11}, m_{21}, m_{31}, \cdots, m_{i1}\}, B = \{m_{12}, m_{22}, m_{32}, \cdots, m_{i2}\}, \cdots, L = \{m_{1j}, m_{2j}, m_{3j}, \cdots, m_{ij}\}$

全体集合：

$$M = \{A, B, C, \cdots, L\}$$

混棉总包数：

$$M = \sum_{i=1}^{m} \sum_{j=1}^{n} m_{ij} \qquad (4-10)$$

(2) 确定棉包的分位数。分位数指的是连续分布函数中的一个点，用于衡量数据位置的量度。

各棉包的分位数：

$$F(x_{ij}) = M / \sum_{j=1}^{n} m_{ij} \cdot \{1, 2, 3, \cdots, m_i\} \qquad (4-11)$$

示例：配棉方案由6队、30包组成，其中一队使用4包，本队各包的分位数为 $\{(30/4) \times 1 = 7.50, (30/4) \times 2 = 15.00, (30/4) \times 3 = 22.50, (30/4) \times 4 = 30.00\}$。

单一队号各包的分位数是唯一的，即分位数点不会重叠；各队号各包的分位数"合并"后，分位数互相等同的可能性会增加，这种情况下因各队号已按使用包数、技术品级、颜色级排序，并为各队号按英文字母编码，因此，各棉包的分位数标识不会发生重叠。

配棉时，某队可能仅使用1包特殊棉包（如颜色级差的棉包），按配棉原则和抓棉机运行规律，该棉包的位置应居中，计算公式为：

$$F(x_{ij}) = M/2 \qquad (4-12)$$

(3) 混包单元组合。总体混棉均匀并不意味着局部混棉均匀，解决这一问题的有效办法是根据总包数和抓棉机机型，将其划分成若干单元，并使相邻单元的特征值相近，随着抓棉机的往返规律运行，始终与总体保持最小偏差。

混包单元组合数：

$$U = M/N \qquad (4-13)$$

式中：N——单元混包数。

相邻单元集合：

$$U = \{u_1, u_2, u_3, \cdots, u_{i-1}\}$$

抓棉机运行过程所经过的每一单元，相当于在不断地处理混包单元的"断批"和"接批"，相邻单元的平均技术品级、颜色级等应符合技术标准要求。

（4）混包排列的目标函数。混包排列所要达到的目的是混棉均匀，即抓棉机在运行的全过程中，混棉的内在质量（技术品级）和外观质量（颜色级）始终保持协调统一、相对一致。实现这一目标，必须做到相邻单元的特征值基本吻合。

目标函数是设计变量的标量函数。当只有一个目标函数时，函数表达式为：$f(x) = f(x_1, x_2, \cdots, x_n)$。混包排列由多个目标函数组成，其表达式为：

$$f(x) = \sum_{j=1}^{q} f_j(x) \qquad (4-14)$$

其中，q 为目标的数目，共 4 项，包括相邻混棉包单元的技术品级极差、颜色级极差；相邻混棉包单元技术品级总体标准差和颜色级总体标准差。

技术品级的极差按常规公式计算；颜色级的极差按表 4-6 给出的级别计算。

表 4-6　原棉颜色级的级别与代号

级别	代号
1	白棉 11
2	白棉 21
3	白棉 31
4	白棉 41
5	白棉 51
6	淡点污棉 12
7	淡点污棉 22
8	淡点污棉 32
9	淡黄染棉 13
10	淡黄染棉 23
11	淡黄染棉 33
12	黄染棉 14
13	黄染棉 24

4.4.3 效果评价

以 C19.7tex 纱配棉方案为例,相关指标符合配棉技术标准。该方案混棉队数 7 队,共计 36 包;采用往复式抓棉机,每 3 包为一单元,共 12 个单元。其基本资料见表 4-7。

表 4-7 配棉方案基本资料

队号编码	产地与批号	厂内编号	混用包数	包重(kg)	配棉比(%)	技术品级	上半部长度(mm)	整齐度(%)	断裂比强度(cN/tex)	马克隆值	黄度+b	反射率Rd(%)	颜色级
A	山东 237156	1037	8	228.14	22.22	2.15	29.54	83.49	30.89	4.21	7.69	84.98	白棉 11
B	新疆 840463	2057	7	229.22	19.53	2.63	27.44	82.80	29.70	4.20	7.80	84.70	白棉 11
C	山东 021103	1072	6	225.68	16.48	2.63	28.32	82.90	28.70	4.06	8.50	80.40	白棉 31
D	新疆 651737	2002	5	228.66	13.92	2.55	29.60	83.30	29.70	3.57	7.60	83.00	白棉 21
E	山东 237118	1021	5	229.62	13.98	2.47	29.20	82.80	29.22	4.17	8.50	80.00	白棉 31
F	山东 011101	1052	4	228.06	11.11	2.76	28.26	82.36	30.15	3.62	8.02	76.55	白棉 41
G	山东 021102	1073	1	226.83	2.76	3.08	27.58	80.06	27.81	4.10	10.11	78.31	淡点 12

表 4-7 中,各队按混用包数的大小进行了编码,编码以利于对混包排列进行管理。各混包的分位数见表 4-8。

表 4-8 混包分位数

队号编码	混用包数	技术品级	颜色级	分位数
A	8	2.15	白棉 11	{4.50,9.00,13.50,18.00,22.50,27.00,31.50,36.00}
B	7	2.63	白棉 11	{5.14,10.29,15.43,20.57,25.72,30.86,36.00}
C	6	2.63	白棉 31	{6.00,12.00,18.00,24.00,30.00,36.00}
D	5	2.55	白棉 31	{7.20,14.40,21.60,28.80,36.00}
E	5	2.47	白棉 21	{7.20,14.40,21.60,28.80,36.00}
F	4	2.76	白棉 41	{9.00,18.00,27.00,36.00}
G	1	3.08	淡点 12	{18.00}

由表 4-8 可分析出,各队混包的分位数呈均匀分布,编码 G 仅使用 1 包,按式(4-12)计算,分位数居中。各队分位数"合并"后,即使分位数相同(如编码

D、E),也可再按编码进行层次排序,分出前后位置。按层次排序可使局部均匀与全局均匀协调统一。

表 4 - 9 为混包单元排列表。

表 4 - 9　混包单元排列表

序号	单元编码	技术品级	上半部长度（mm）	整齐度（%）	断裂比强度（cN/tex）	马克隆值	黄度 + b	反射率 Rd（%）	颜色级
1	ABC	2.48	28.44	83.07	29.77	4.16	8.00	83.37	白棉 11
2	ADE	2.32	29.45	83.20	29.93	3.96	7.93	82.66	白棉 21
3	BCF	2.60	28.01	82.68	29.52	3.94	8.11	80.55	白棉 31
4	ADE	2.32	29.45	83.20	29.93	3.96	7.93	82.66	白棉 21
5	ABC	2.48	28.44	83.07	29.77	4.16	8.00	83.37	白棉 11
6	BFG	2.74	27.77	81.76	29.22	3.96	8.63	79.87	白棉 31
7	ADE	2.32	29.45	83.20	29.93	3.96	7.93	82.66	白棉 21
8	ABC	2.48	28.44	83.07	29.77	4.16	8.00	83.37	白棉 11
9	DEF	2.43	29.02	82.83	29.70	3.77	8.04	79.87	白棉 31
10	ABC	2.48	28.44	83.07	29.77	4.16	8.00	83.37	白棉 11
11	ACD	2.37	29.17	83.24	29.77	3.93	7.93	82.81	白棉 21
12	BEF	2.54	28.30	82.65	29.69	3.98	8.10	80.41	白棉 31

　注　单元编码时,应按英文字母顺序排列,例如 DEA,应写为 ADE。

根据表 4 - 9,相邻连续单元的集合为:{(ABC,ADE),(ADE,BCF),(BCF,ADE),(ADE,ABC),(ABC,BFG),(BFG,ADE),(ADE,ABC),(ABC,DEF),(DEF,ABC),(ABC,ACD),(ACD,BEF)}。

由于抓棉机连续往返运行于相邻单元之间,因此,可通过考察相邻单元的统计值,并与总体比较,对混包排列效果进行评价。

混包排列效果主要评价指标有连续相邻混包单元的技术品级极差和颜色级极差。本例相关数据见表 4 - 10。

表 4 - 10 的平均值对应表 4 - 9,是一阶混和均值。例如,表 4 - 9 序号 1、2 对应表 4 - 10 序号 1,表 4 - 9 序号 2、3 对应表 4 - 10 序号 2,依次类推。

混包排列效果评价的前提条件是配棉方案可行。效果评价指标见表 4 - 11。

表4-10 相邻混包单元统计值

序号	相邻单元编码	平均值								技术品级极差	颜色级极差
		技术品级	上半部长度（mm）	整齐度（%）	断裂比强度（cN/tex）	马克隆值	黄度+b	反射率Rd（%）	颜色级		
1	$\overline{ABC,ADE}$	2.40	28.95	83.14	29.85	4.06	7.97	83.02	白棉21	0.16	1
2	$\overline{ADE,BCF}$	2.46	28.73	82.94	29.73	3.95	8.02	81.61	白棉21	0.28	1
3	$\overline{BCF,ADE}$	2.46	28.73	82.94	29.73	3.95	8.02	81.61	白棉21	0.28	1
4	$\overline{ADE,ABC}$	2.40	28.95	83.14	29.85	4.06	7.97	83.02	白棉21	0.16	1
5	$\overline{ABC,BFG}$	2.61	28.11	82.42	29.50	4.06	8.32	81.62	白棉21	0.26	2
6	$\overline{BFG,ADE}$	2.53	28.61	82.48	29.58	3.96	8.28	81.27	白棉21	0.42	1
7	$\overline{ADE,ABC}$	2.40	28.95	83.14	29.85	4.06	7.97	83.02	白棉21	0.16	1
8	$\overline{ABC,DEF}$	2.46	28.73	82.95	29.74	3.96	8.02	81.62	白棉21	0.05	2
9	$\overline{DEF,ABC}$	2.46	28.73	82.95	29.74	3.96	8.02	81.62	白棉21	0.05	2
10	$\overline{ABC,ACD}$	2.42	28.81	83.16	29.77	4.04	7.97	83.09	白棉21	0.11	1
11	$\overline{ACD,BEF}$	2.45	28.74	82.95	29.73	3.95	8.02	81.61	白棉21	0.17	1

注 $\overline{ABC,ADE}$ 表示相邻单元的平均值，下同。

表4-11 混包排列效果评价指标

等别	技术品级极差≤	颜色级极差≤
优	0.3	1
良	0.5	2
中	0.7	2

　　技术品级和颜色级极差表示相邻单元数据之差的绝对值，极差越大，表明变异程度越高；极差越小，表明变异程度小。混包排列效果评价按技术品级极差和颜色级极差中最低的一项评定。本实例混包排列效果评价等别总体为"良"，说明混包排列合理，可投入使用。

第5章 纱线质量预测模型

5.1 棉纱线质量主要指标

5.1.1 线密度

纱线的线密度以1000m纱线在公定回潮率8.5%时的质量克数(g)表示,单位为特克斯(tex),符号为Tt。特克斯在我国也叫号数。特克斯制为定长制,特数越大,纱线越粗。英制支数符号为N_e,Tt与N_e的换算关系为:$N_e = 590.5/Tt$。

5.1.2 条干均匀度变异系数

一定长度片段纱线的线密度变化或纱条截面不匀的均方差与算术平均数之比,单位:%。

5.1.3 单纱断裂强度

单根纱线试样经拉伸至断裂时测得的断裂强力(厘牛顿,cN)与其线密度的比值,单位:厘牛顿每特克斯(cN/tex)。

5.1.4 细节

纱线直径低于平均值一定比例的片段,分为四档: -30%、-40%、-50%、-60%,一般用-50%,单位:个/km。

5.1.5 粗节

纱线直径超过平均值一定比例且长度在4mm以上的片段,分为四档: $+35\%$、$+50\%$、$+70\%$、$+100\%$,一般用$+50\%$,单位:个/km。

5.1.6 棉结

纱线中折合长度为1mm且截面积超过设定界限的纱疵,分为四档: $+140\%$、$+200\%$、$+280\%$、$+400\%$,一般用$+200\%$,单位:个/km。

5.1.7 毛羽

纱线上纤维头端伸出纱线基本表面之外的部分。可按纱线单位长度中各种不同伸出长度(如3mm)的根数计算,单位:根/10m。

5.2 棉本色纱线国家与纺织行业标准

棉本色纱线国家与纺织行业标准主要有棉本色纱线 GB/T 398—2008、气流纺转杯纺,作者注棉本色纱 FZ/T 12001—2006、针织用棉本色纱 FZ/T 71005—2006、精梳棉本色紧密纺纱线 FZ/T 12018—2009。

5.2.1 棉本色纱的评等方法和技术要求

棉本色纱的评等方法如下。

(1)以同一品种一昼夜的生产量为一批,按规定的试验周期和各项试验方法进行试验,并按其结果评定品等。

(2)品等分为优等、一等、二等,低于二等指标者作三等。

(3)品等由单纱断裂强力变异系数、百米重量变异系数、单纱断裂强度、百米重量偏差、条干均匀度、1g 内棉结粒数、1g 内棉结杂质总粒数、十万米纱疵八项中最低的一项评定。

(4)检验单纱条干均匀度可以选用黑板条干均匀度或条干均匀度变异系数两者中的任何一种。但一经确定,不得任意变更。发生质量争议时,以条干均匀度变异系数为准。

(5)重量偏差月度累计,按产量进行加权平均,全月生产在 15 批以上的品种,应控制在 ±0.5% 及以内。

棉本色纱的技术要求见表 5-1、表 5-2。

5.2.2 针织用棉本色纱的评等方法和技术要求

针织用棉本色纱的评等方法如下。

(1)以同一品种一昼夜的生产量为一批,按规定的试验周期和各项试验方法进行试验,并按其结果评定品等。

(2)品等分为优等、一等、二等,低于二等指标者作三等。

表5-1 棉本色梳棉纱

线密度(tex)(英制支数)	等别	断裂强力变异系数(%)≤	百米重量变异系数(%)≤	断裂比强度(cN/tex)≥	百米重量偏差(%)	黑板条干均匀度10块板比例(优:一:二:三)不低于	条干均匀度变异系数(%)≤	1g内棉结粒数(粒/g)≤	1g内棉结杂质总粒数(粒/g)≤	实际捻系数(参考值)经纱	实际捻系数(参考值)纬纱	十万米纱疵(个/10^5 m)≤
8~10 (70~56)	优	10.0	2.2	15.6	±2.0	7:3:0:0	16.5	25	45	340~430	310~380	10
	一	13.0	3.5	13.6	±2.5	0:7:3:0	19.0	55	95			30
	二	16.0	4.5	10.6	±3.5	0:0:7:3	22.0	95	145			—
11~13 (55~44)	优	9.5	2.2	15.8	±2.0	7:3:0:0	16.5	30	55	340~430	310~380	10
	一	12.5	3.5	13.8	±2.5	0:7:3:0	19.0	65	105			30
	二	15.5	4.5	10.8	±3.5	0:0:7:3	22.0	105	155			—
14~15 (43~47)	优	9.5	2.2	16.0	±2.0	7:3:0:0	16.0	30	55	330~420	300~370	10
	一	12.5	3.5	14.0	±2.5	0:7:3:0	18.5	65	105			30
	二	15.5	4.5	11.0	±3.5	0:0:7:3	21.5	105	155			—
16~20 (36~29)	优	9.0	2.2	16.2	±2.0	7:3:0:0	15.5	30	55	330~420	300~370	10
	一	12.0	3.5	14.2	±2.5	0:7:3:0	18.0	65	105			30
	二	15.0	4.5	11.2	±3.5	0:0:7:3	21.0	105	155			—
21~30 (28~19)	优	8.5	2.2	16.4	±2.0	7:3:0:0	14.5	30	55	330~420	300~370	10
	一	11.5	3.5	14.4	±2.5	0:7:3:0	17.0	65	105			30
	二	14.5	4.5	11.4	±3.5	0:0:7:3	20.0	105	155			—
32~34 (18~17)	优	8.0	2.2	16.2	±2.0	7:3:0:0	14.0	35	65	320~410	290~360	10
	一	11.0	3.5	14.2	±2.5	0:7:3:0	16.5	75	125			30
	二	14.5	4.5	11.2	±3.5	0:0:7:3	19.5	115	185			—
36~60 (16~10)	优	7.5	2.2	16.0	±2.0	7:3:0:0	13.5	35	65	320~410	290~360	10
	一	10.5	3.5	14.0	±2.5	0:7:3:0	16.0	75	125			30
	二	14.0	4.5	11.0	±3.5	0:0:7:3	19.0	115	185			—
64~80 (9~7)	优	7.0	2.2	15.8	±2.0	7:3:0:0	13.0	35	65	320~410	290~360	10
	一	10.0	3.5	13.8	±2.5	0:7:3:0	15.5	75	125			30
	二	13.5	4.5	10.8	±3.5	0:0:7:3	18.5	115	185			—
88~192 (6~3)	优	6.5	2.2	15.6	±2.0	7:3:0:0	12.5	35	65	320~410	290~360	10
	一	9.5	3.5	13.6	±2.5	0:7:3:0	15.0	75	125			30
	二	13.0	4.5	10.6	±3.5	0:0:7:3	18.0	115	185			—

表 5-2　棉本色精梳纱

线密度（tex）（英制支数）	等别	技术指标										
		断裂强力变异系数（%）≤	百米重量变异系数（%）≤	断裂比强度（cN/tex）≥	百米重量偏差（%）	条干均匀度		1g内棉结粒数（粒/g）≤	1g内棉结杂质总粒数（粒/g）≤	实际捻系数（参考值）		十万米纱疵（个/10⁵m）≤
						黑板条干均匀度10块板比例(优:一:二:三) 不低于	条干均匀度变异系数（%）≤			经纱	纬纱	
4~4.5（150~131）	优	12.0	2.0	17.6	±2.0	7:3:0:0	16.5	20	25	340~430	310~360	5
	一	14.5	3.0	15.6	±2.5	0:7:3:0	19.0	45	55			20
	二	17.5	4.0	12.6	±3.5	0:0:7:3	22.0	70	85			—
5~5.5（130~111）	优	11.5	2.0	17.6	±2.0	7:3:0:0	16.5	20	25	340~430	310~360	5
	一	14.0	3.0	15.6	±2.5	0:7:3:0	19.0	45	55			20
	二	17.0	4.0	12.6	±3.5	0:0:7:3	22.0	70	85			—
6~6.5（110~91）	优	11.0	2.0	17.8	±2.0	7:3:0:0	15.5	20	25	330~400	300~350	5
	一	13.5	3.0	15.8	±2.5	0:7:3:0	18.0	45	55			20
	二	16.5	4.0	12.8	±3.5	0:0:7:3	21.0	70	85			—
7~7.5（90~71）	优	10.5	2.0	17.8	±2.0	7:3:0:0	15.0	20	25	330~400	300~350	5
	一	13.0	3.0	15.8	±2.5	0:7:3:0	17.5	45	55			20
	二	16.0	4.0	12.8	±3.5	0:0:7:3	20.5	70	85			—
8~10（70~56）	优	9.5	2.0	18.0	±2.0	7:3:0:0	14.5	20	25	330~400	300~350	5
	一	12.5	3.0	16.0	±2.5	0:7:3:0	17.0	45	55			20
	二	15.5	4.0	13.0	±3.5	0:0:7:3	19.5	70	85			—
11~13（55~44）	优	8.5	2.0	18.0	±2.0	7:3:0:0	14.0	15	20	330~400	300~350	5
	一	11.5	3.0	16.0	±2.5	0:7:3:0	16.0	35	45			20
	二	14.5	4.0	13.0	±3.5	0:0:7:3	18.5	55	75			—
14~15（43~37）	优	8.5	2.0	15.8	±2.0	7:3:0:0	13.5	15	20	330~400	300~350	5
	一	11.0	3.0	14.4	±2.5	0:7:3:0	15.5	35	45			20
	二	14.0	4.0	12.4	±3.5	0:0:7:3	18.0	55	75			—
16~20（36~29）	优	7.5	2.0	15.8	±2.0	7:3:0:0	13.0	15	20	320~390	290~340	5
	一	10.5	3.0	14.4	±2.5	0:7:3:0	15.0	35	45			20
	二	13.5	4.0	12.4	±3.5	0:0:7:3	17.5	55	75			—
21~30（28~19）	优	7.0	2.0	16.0	±2.0	7:3:0:0	12.5	15	20	320~390	290~340	5
	一	10.0	3.0	14.6	±2.5	0:7:3:0	14.5	35	45			20
	二	13.0	4.0	12.6	±3.5	0:0:7:3	17.0	55	75			—

线密度（tex）（英制支数）	等别	技术指标								实际捻系数（参考值）		十万米纱疵（个/10^5m）≤
		断裂强力变异系数（%）≤	百米重量变异系数（%）≤	断裂比强度（cN/tex）≥	百米重量偏差（%）	条干均匀度		1g内棉结粒数（粒/g）≤	1g内棉结杂质总粒数（粒/g）≤			
						黑板条干均匀度10块板比例(优:一:二:三)不低于	条干均匀度变异系数（%）≤			经纱	纬纱	
32~36（18~16）	优	6.5	2.0	16.0	±2.0	7:3:0:0	12.0	15	20	320~390	290~340	5
	一	9.5	3.0	14.6	±2.5	0:7:3:0	14.0	35	45			20
	二	12.5	4.0	12.6	±3.5	0:0:7:3	16.5	55	75			—

（3）品等由单纱断裂强力变异系数、百米重量变异系数、条干均匀度、黑板棉结粒数、黑板棉结杂质总粒数、十万米纱疵六项中最低的一项品等评定。

（4）单纱断裂强度或百米重量偏差超出允许范围时,在单纱断裂强力变异系数和百米重量变异系数两项指标原评定的基础上作顺降一个等处理。如单纱断裂强度和百米重量偏差都超出范围时,亦只顺降一次。降至二等为止。

（5）检验单纱条干均匀度可以选用黑板条干均匀度或条干均匀度变异系数两者中的任何一种。但一经确定,不得任意变更。发生质量争议时,以条干均匀度变异系数为准。

（6）百米重量偏差月度累计,按产量进行加权平均,全月生产在 15 批以上的品种,一般控制在 ±0.5% 及以内。

（7）实际捻系数控制范围为 280~360。

针织用棉本色纱的技术要求见表 5－3、表 5－4。

5.2.3　转杯纺棉本色纱的评等方法和技术要求

转杯纺棉本色纱的评等方法如下。

（1）以同一品种一昼夜的生产量为一批,按规定的试验周期和各项试验方法进行试验,并按其结果评定品等。

（2）品等分为优等、一等、二等,低于二等指标者作三等。

（3）品等由单纱断裂强力变异系数、百米重量变异系数、条干均匀度、十万米纱疵四项中最低的一项品等评定。一等、二等的品等以单纱断裂强力变异系数、百米重量变异系数、条干均匀度三项最低的一项品等评定。

表5-3 针织用梳棉本色纱

线密度（tex）（英制支数）	等别	技术指标								
		断裂强力变异系数（%）≤	百米重量变异系数（%）≤	条干均匀度		黑板棉结粒数（粒/g）≤	黑板棉结杂质总粒数（粒/g）≤	十万米纱疵（个/10⁵m）≤	断裂强度（cN/tex）≥	百米重量偏差（%）
				黑板条干均匀度10块板比例（优:一:二:三）不低于	条干均匀度变异系数（%）≤					
8~10（70~56）	优	11.0	2.3	7:3:0:0	17.0	25	40	20		
	一	15.5	3.5	0:7:3:0	20.0	55	80	50	10.6	
	二	20.0	5.0	0:0:7:3	24.0	90	120	—		
11~13（55~44）	优	10.5	2.3	7:3:0:0	17.0	30	45	20		
	一	15.0	3.5	0:7:3:0	20.0	60	85	50	10.8	
	二	19.5	5.0	0:0:7:3	24.0	100	125	—		
14~15（43~37）	优	10.0	2.3	7:3:0:0	16.5	30	45	20		
	一	14.5	3.5	0:7:3:0	19.5	60	85	50	11.0	
	二	19.0	5.0	0:0:7:3	23.5	100	125	—		
16~20（36~29）	优	9.5	2.3	7:3:0:0	16.0	30	45	20		
	一	14.0	3.5	0:7:3:0	19.0	60	85	50	11.2	±2.5
	二	18.5	5.0	0:0:7:3	23.0	100	125	—		
21~30（28~19）	优	9.0	2.3	7:3:0:0	15.5	30	45	20		
	一	13.5	3.5	0:7:3:0	18.5	60	85	50	11.2	
	二	18.0	5.0	0:0:7:3	22.5	100	125	—		
32~34（18~17）	优	9.0	2.3	7:3:0:0	15.0	35	50	20		
	一	13.5	3.5	0:7:3:0	18.0	70	90	50	11.2	
	二	18.0	5.0	0:0:7:3	22.0	110	135	—		
36~60（16~10）	优	8.5	2.3	7:3:0:0	14.5	35	50	20		
	一	13.0	3.5	0:7:3:0	17.5	70	90	50	11.0	
	二	17.5	5.0	0:0:7:3	21.5	110	135	—		

表 5-4 针织用精梳棉本色纱

线密度（tex）（英制支数）	等别	技术指标								
		断裂强力变异系数（%）≤	百米重量变异系数（%）≤	条干均匀度		黑板棉结粒数（粒/g）≤	黑板棉结杂质总粒数（粒/g）≤	十万米纱疵（个/10⁵m）≤	断裂强度（cN/tex）≥	百米重量偏差（%）
				黑板条干均匀度10块板比例(优:一:二:三)≥	条干均匀度变异系数（%）≤					
5~5.5 (130~111)	优	12.0	2.3	7:3:0:0	17.5	20	25	15		
	一	16.5	3.5	0:7:3:0	20.5	45	55	40	11.8	
	二	21.0	5.0	0:0:7:3	24.5	70	80	—		
6~6.5 (110~91)	优	11.5	2.3	7:3:0:0	16.5	20	25	15		
	一	16.0	3.5	0:7:3:0	19.5	45	55	40	12.0	
	二	20.5	5.0	0:0:7:3	23.5	70	80	—		
7~7.5 (90~71)	优	11.0	2.3	7:3:0:0	15.5	20	25	15		
	一	15.5	3.5	0:7:3:0	18.5	45	55	40	12.0	
	二	20.0	5.0	0:0:7:3	22.5	70	80	—		
8~10 (70~56)	优	10.5	2.3	7:3:0:0	15.0	20	25	15		
	一	15.0	3.5	0:7:3:0	18.0	45	55	40	12.2	
	二	19.5	5.0	0:0:7:3	22.0	70	80	—		
11~13 (55~44)	优	10.0	2.3	7:3:0:0	14.5	15	20	15		±2.5
	一	14.5	3.5	0:7:3:0	17.5	40	50	40	12.2	
	二	19.0	5.0	0:0:7:3	21.5	60	75	—		
14~15 (43~37)	优	9.5	2.3	7:3:0:0	14.0	15	20	15		
	一	14.0	3.5	0:7:3:0	17.0	40	50	40	12.4	
	二	18.5	5.0	0:0:7:3	21.0	60	75	—		
16~20 (36~29)	优	9.0	2.3	7:3:0:0	13.5	15	20	15		
	一	13.5	3.5	0:7:3:0	16.5	40	50	40	12.4	
	二	18.0	5.0	0:0:7:3	20.5	60	75	—		
21~30 (28~19)	优	8.5	2.3	7:3:0:0	12.5	15	20	15		
	一	13.0	3.5	0:7:3:0	15.5	40	50	40	12.6	
	二	17.5	5.0	0:0:7:3	19.5	60	75	—		
32~36 (18~16)	优	8.0	2.3	7:3:0:0	12.0	15	20	15		
	一	12.5	3.5	0:7:3:0	15.0	40	50	40	12.6	
	二	17.0	5.0	0:0:7:3	19.0	60	75	—		

（4）单纱断裂强度或百米重量偏差超出允许范围时,在单纱断裂强力变异系数和百米重量变异系数两项指标原评定的基础上作顺降一个等处理。如单纱断裂强度和百米重量偏差都超出范围时,亦只顺降一次。降至二等为止。

（5）检验单纱条干均匀度可以选用黑板条干均匀度或条干均匀度变异系数两者中的任何一种。但一经确定,不得任意变更。发生质量争议时,以条干均匀度变异系数为准。

（6）百米重量偏差月度累计,按产量进行加权平均,全月生产在 15 批以上的品种,一般控制在 ±0.5% 及以内。

（7）实际捻系数控制范围,织布用纱不小于 350,纬纱和起绒用纱不大于 350。

转杯纺棉本色纱的技术要求见表 5-5。

表 5-5 转杯纺棉本色纱

线密度（tex）（英制支数）	等别	技术指标								
		断裂强力变异系数（%）≤	百米重量变异系数（%）≤	条干均匀度		断裂强度（cN/tex）			优等纱十万米纱疵（个/10^5 m）≤	百米重量偏差（%）
				黑板条干均匀度10块板比例(优:一:二:三)不低于	条干均匀度变异系数（%）≤	起绒	纬纱	经纱		
						≥				
14~16（43~36）	优	10.0	2.5	7:3:0:0	17.0	10.4	10.8	11.2		
	一	13.5	3.5	0:7:3:0	20.5					
	二	17.5	4.5	0:0:7:3	24.5					
17~21（34~28）	优	10.0	2.5	7:3:0:0	16.0	10.0	10.6	11.0		
	一	13.5	3.5	0:7:3:0	20.0					
	二	17.5	4.5	0:0:7:3	24.0					
22~26（26~22）	优	9.5	2.5	7:3:0:0	15.0	9.6	10.4	10.8	20	±2.5
	一	13.0	3.5	0:7:3:0	19.5					
	二	17.0	4.5	0:0:7:3	23.0					
28~31（21~19）	优	9.5	2.5	7:3:0:0	15.0	9.2	10.2	10.6		
	一	13.0	3.5	0:7:3:0	19.5					
	二	17.0	4.5	0:0:7:3	23.0					
32~34（18~17）	优	9.5	2.5	7:3:0:0	14.5	9.0	10.0	10.4		
	一	13.0	3.5	0:7:3:0	19.0					
	二	17.0	4.5	0:0:7:3	22.5					

线密度（tex）（英制支数）	等别	断裂强力变异系数（%）≤	百米重量变异系数（%）≤	条干均匀度		断裂强度（cN/tex）≥			优等纱十万米纱疵（个/10^5m）≤	百米重量偏差（%）
				黑板条干均匀度10块板比例（优:一:二:三）不低于	条干均匀度变异系数（%）≤	起绒	纬纱	经纱		
36~42（16~14）	优	9.0	2.5	7:3:0:0	14.0					
	一	12.5	3.5	0:7:3:0	18.5	8.4	9.6	10.0		
	二	16.5	4.5	0:0:7:3	22.0					
44~60（13~10）	优	9.0	2.5	7:3:0:0	13.5					
	一	12.5	3.5	0:7:3:0	18.0	8.2	9.4	9.8		
	二	16.5	4.5	0:0:7:3	21.5				20	±2.5
64~88（9~7）	优	8.5	2.5	7:3:0:0	13.0					
	一	12.0	3.5	0:7:3:0	17.5	8.0	9.2	9.6		
	二	16.0	4.5	0:0:7:3	20.5					
88~192（6~3）	优	8.5	2.5	7:3:0:0	13.0					
	一	12.0	3.5	0:7:3:0	17.5	7.8	9.0	9.4		
	二	16.0	4.5	0:0:7:3	20.5					

5.2.4 精梳棉本色紧密纺纱的评等方法和技术要求

精梳棉本色紧密纺纱的评等方法如下。

（1）评等以批为单位，同品种一昼夜生产量为一批。按规定的试验周期和各项试验方法进行试验，并按其结果评定其棉纱的品等。

（2）品等分为优等、一等、二等，低于二等指标者为三等品。

（3）品等由单纱断裂强力变异系数、单纱断裂强度、百米重量变异系数、条干均匀度变异系数、千米粗节（+50%）、千米棉结（+200%）、十万米纱疵数、毛羽指数 H 或 2mm 毛羽指数等指标评定。当八项的品等不同时，按八项中最低的一项品等评定。

（4）单纱的百米重量偏差超出允许范围时，在百米重量变异系数（%）原评定的基础上作顺降一等处理。

（5）检验单纱毛羽指数时，可以选用毛羽指数 H 或 2mm 毛羽指数两者中的任何一种，但一经确定，不得任意变更。

精梳棉本色紧密纺纱的技术要求见表 5-6、表 5-7。

表 5 - 6　精梳棉本色紧密纺针织用纱的技术要求

线密度(tex)(英制支数)	等别	单纱断裂强力变异系数(%)≤	百米重量变异系数(%)≤	单纱断裂强度(cN/tex)≥	百米重量偏差(%)	条干均匀度变异系数(%)≤	粗节(+50%)(个/km)≤	棉结(+200%)(个/km)≤	十万米纱疵数$(A_3 + B_3 + C_3 + D_2)$(个/10^5m)≤	毛羽指数 H≤	2mm毛羽指数(根/10m)≤
4～4.5(150～131)	优	12.0	1.5	18.0		16.5	210	280	5	2.4	120
	一	14.5	2.5	16.0		18.5	280	360	10	2.8	150
	二	17.5	3.5	14.0		20.5	380	410	—	—	—
5～5.5(130～111)	优	11.5	1.5	19.0		16.5	170	190	5	2.4	120
	一	14.0	2.5	17.0		18.5	260	290	10	2.8	150
	二	17.0	3.5	15.0		20.5	300	320	—	—	—
6～6.5(110～91)	优	10.5	1.5	20.0	±2.0	15.5	100	120	5	2.6	120
	一	13.0	2.5	18.0		17.5	170	210	10	3	150
	二	16.0	3.5	16.0		19.5	220	250	—	—	—
7～7.5(90～71)	优	10.0	1.5	21.0		14.5	50	90	5	2.8	130
	一	12.5	2.5	19.0		16.0	100	170	10	3.2	160
	二	15.5	3.5	17.0		18.0	150	210	—	—	—
8～10(70～56)	优	9.0	1.5	21.5		13.5	30	60	5	3	140
	一	12.0	2.5	19.0		15.0	80	120	10	3.4	170
	二	15.0	3.5	17.0		17.0	130	180	—	—	—
11～13(55～44)	优	8.0	1.5	22.5		12.5	20	50	3	3.2	150
	一	11.0	2.5	19.5		14.0	70	110	8	3.6	180
	二	14.0	3.5	17.5		16.0	120	160	—	—	—

续表

线密度（tex）（英制支数）	等别	单纱断裂强力变异系数（%）≤	百米重量变异系数（%）≤	单纱断裂强度（cN/tex）≥	百米重量偏差（%）	条干均匀度变异系数（%）≤	粗节（+50%）（个/km）≤	棉结（+200%）（个/km）≤	十万米纱疵数（$A_3+B_3+C_3+D_2$）（个/10^5 m）≤	毛羽指数 H ≤	2mm 毛羽指数（根/10m）≤
14~15 (43~37)	优	7.0	1.5	18.5	±2.0	12.0	20	40	3	3.4	190
	一	10.0	2.5	16.5		13.5	60	100	8	4	220
	二	13.0	3.5	14.5		15.0	100	150	—	—	—
16~20 (36~29)	优	6.5	1.5	18.0		11.5	15	30	3	3.8	200
	一	9.5	2.5	16.0		13.0	45	90	8	4.4	230
	二	12.5	3.5	14.0		14.5	80	130	—	—	—
21~30 (28~19)	优	6.5	1.5	17.5		11.0	10	25	3	4.2	210
	一	9.5	2.5	15.5		12.5	30	70	8	4.8	240
	二	12.5	3.5	13.5		14.0	60	110	—	—	—
32~34 (18~17)	优	6.0	1.5	17.0		10.5	10	20	3	4.6	230
	一	9.0	2.5	15.0		12.0	25	60	8	5.2	270
	二	12.0	3.5	13.0		13.5	45	100	—	—	—
36~60 (16~10)	优	6.0	1.5	16.5		10.0	8	15	3	4.8	260
	一	9.0	2.5	14.5		11.5	25	30	8	5.4	300
	二	12.0	3.5	12.5		13.0	40	50	—	—	—

表5-7 精梳棉本色紧密机织用纱的技术要求

线密度(tex)(英制支数)	等别	单纱断裂强力变异系数(%)≤	百米重量变异系数(%)≤	单纱断裂强度(cN/tex)≥	百米重量偏差(%)	条干均匀度变异系数(%)≤	粗节(+50%)(个/km)≤	棉结(+200%)(个/km)≤	十万米纱疵数$(A_3+B_3+C_3+D_2)$(个/10^5m)≤	毛羽指数 H ≤	2mm毛羽指数(根/10m)≤
4~4.5 (150~131)	优	12.5	1.5	18.5		17.0	210	280	5	2.4	120
	一	15.0	2.5	16.5		19.0	280	360	10	2.8	150
	二	18.0	3.5	14.5		21.0	380	410	—	—	—
5~5.5 (130~111)	优	12.0	1.5	19.5		19.0	170	190	5	2.4	120
	一	15.5	2.5	17.5		17.0	260	290	10	2.8	150
	二	17.5	3.5	15.5	±2.0	21.0	300	320	—	—	—
6~6.5 (110~91)	优	11.0	1.5	20.5		16.0	100	120	5	2.6	120
	一	13.5	2.5	18.5		18.0	170	210	10	3	150
	二	16.5	3.5	16.5		20.0	220	250	—	—	—
7~7.5 (90~71)	优	10.5	1.5	21.5		15.0	50	90	5	2.8	130
	一	13.0	2.5	19.5		16.5	100	170	10	3.2	160
	二	16.0	3.5	17.5		18.5	150	210	—	—	—
8~10 (70~56)	优	9.5	1.5	22.0		14.0	30	60	5	3	140
	一	12.5	2.5	19.5		15.5	80	120	10	3.4	170
	二	15.5	3.5	17.5		17.5	130	180	—	—	—
11~13 (55~44)	优	8.5	1.5	23.0		13.0	20	50	3	3.2	150
	一	11.5	2.5	20.0		14.5	70	110	8	3.6	180
	二	14.5	3.5	18.0		16.5	120	160	—	—	—

续表

线密度(tex)(英制支数)	等别	单纱断裂强力变异系数(%)≤	百米重量变异系数(%)≤	单纱断裂强度(cN/tex)≥	百米重量偏差(%)	条干均匀度变异系数(%)≤	粗节(+50%)(个/km)≤	棉结(+200%)(个/km)≤	十万米纱疵数(A₃+B₃+C₃+D₂)(个/10⁵m)≤	毛羽指数 H≤	2mm毛羽指数(根/10m)≤
14~15 (43~37)	优	7.5	1.5	19.0		12.5	20	40	3	3.4	190
	一	10.5	2.5	17.0		14.0	60	100	8	4	220
	二	13.5	3.5	15.0		15.5	100	150	—	—	—
16~20 (36~29)	优	7.0	1.5	18.5		12.0	15	30	3	3.8	200
	一	10.0	2.5	16.5		13.5	45	90	8	4.4	230
	二	13.0	3.5	14.5		15.0	80	130	—	—	—
21~30 (28~19)	优	7.0	1.5	18.0	±2.0	11.5	10	25	3	4.2	210
	一	10.0	2.5	16.0		13.0	30	70	8	4.8	240
	二	13.0	3.5	14.0		14.5	60	110	—	—	—
32~34 (18~17)	优	6.5	1.5	17.5		11.0	10	20	3	4.6	230
	一	9.5	2.5	15.5		12.5	25	60	8	5.2	270
	二	12.5	3.5	13.5		14.0	45	100	—	—	—
36~60 (16~10)	优	6.5	1.5	17.0		10.5	8	15	3	4.8	260
	一	9.5	2.5	15.0		12.0	25	30	8	5.4	300
	二	12.5	3.5	13.0		13.5	40	50	—	—	—

5.3 乌斯特(USTER)2013 公报的棉纱质量水平

乌斯特(USTER)统计值包括条子(生条、熟条、精梳条等)、粗纱及细纱的条干不匀率、重量不匀率、细纱强伸度指标、细纱疵点,并按不同的纺纱系统、不同的纤维种类和纱线特数分别统计。

乌斯特(USTER)统计值有 5%、25%、50%、75% 和 95% 等几档质量水平,表示世界上有所示百分率的产量达到了该质量。一般认为 25% 以下为优质水平,50% 为一般水平,75% 以上为较差水平。乌斯特(USTER)统计值虽不是国际标准,但在各国得到普遍使用,是一般衡量纱线质量水平的参考,在商业交往中使用也非常广泛。

表 5 - 8、表 5 - 9 和表 5 - 10 为乌斯特(USTER)2013 公报纯棉普梳环锭针织管纱的部分统计值。

表 5 - 8 质量变异系数与断裂强度

| 线密度(tex) | 质量变异系数(CVm)(%) | | | | | 断裂强度(cN/tex) | | | | |
(英制支数)	5%	25%	50%	75%	95%	5%	25%	50%	75%	95%
98.4(6)	9.2	10.3	11.4	12.5	13.7	19.3	—	16.4	—	13.8
84.4(7)	9.5	10.6	11.7	12.8	14.1	19.3	—	16.3	—	13.8
73.8(8)	9.8	10.9	12.0	13.1	14.4	19.2	—	16.2	—	13.7
65.6(9)	10.0	11.2	12.0	13.4	14.7	19.2	—	16.2	—	13.7
59.1(10)	10.3	11.4	12.5	13.6	14.9	19.2	—	16.2	—	13.6
53.7(11)	10.5	11.6	12.7	13.9	15.2	19.2	—	16.1	—	13.6
49.2(12)	10.7	11.8	12.9	14.1	15.4	19.2	—	16.1	—	13.5
45.4(13)	10.9	12.0	13.1	14.3	15.6	19.1	—	16.1	—	13.5
42.2(14)	11.1	12.2	13.3	14.5	15.8	19.1	—	16.1	—	13.4
39.4(15)	11.2	12.3	13.5	14.6	16.0	19.1	—	16.0	—	13.4
36.9(16)	11.4	12.5	13.6	14.8	16.1	19.1	—	16.0	—	13.4
34.7(17)	11.5	12.7	13.8	15.0	16.3	19.1	—	16.0	—	13.4
32.8(18)	11.7	12.8	13.9	15.1	16.5	19.1	—	16.0	—	13.3
31.1(19)	11.8	12.9	14.1	15.3	16.6	19.1	—	15.9	—	13.3
29.5(20)	12.0	13.1	14.2	15.4	16.7	19.0	—	15.9	—	13.3
28.1(21)	12.1	13.2	14.3	15.5	16.9	19.0	—	15.9	—	13.3
26.8(22)	12.2	13.3	14.4	15.7	17.0	19.0	—	15.9	—	13.2
25.7(23)	12.3	13.4	14.6	15.8	17.1	19.0	—	15.9	—	13.2

续表

线密度(tex)(英制支数)	质量变异系数(CVm)(%)					断裂强度(cN/tex)				
	5%	25%	50%	75%	95%	5%	25%	50%	75%	95%
24.6(24)	12.5	13.5	14.7	15.9	17.3	19.0	—	15.9	—	13.2
23.6(25)	12.6	13.7	14.8	16.0	17.4	19.0	—	15.9	—	13.2
22.7(26)	12.7	13.8	14.9	16.1	17.5	19.0	—	15.8	—	13.2
21.9(27)	12.8	13.9	15.0	16.2	17.6	19.0	—	15.8	—	13.1
21.1(28)	12.9	14.0	15.1	16.3	17.7	19.0	—	15.8	—	13.1
20.4(29)	13.0	14.1	15.2	16.4	17.8	19.0	—	15.8	—	13.1
19.7(30)	13.1	14.2	15.3	16.5	17.9	18.9	—	15.8	—	13.1
19.0(31)	13.2	14.2	15.4	16.6	18.0	18.9	—	15.8	—	13.1
18.5(32)	13.3	14.3	15.5	16.7	18.1	18.9	—	15.8	—	13.1
17.9(33)	13.4	14.4	15.5	16.8	18.2	18.9	—	15.8	—	13.1
17.4(34)	13.5	14.5	15.6	16.9	18.3	18.9	—	15.7	—	13.0
16.9(35)	13.5	14.6	15.7	17.0	18.4	18.9	—	15.7	—	13.0
16.4(36)	13.6	14.7	15.8	17.1	18.5	18.9	—	15.7	—	13.0
16.0(37)	13.7	14.8	15.9	17.2	18.5	18.9	—	15.7	—	13.0
15.5(38)	13.8	14.8	16.0	17.2	18.6	18.9	—	15.7	—	13.0
15.1(39)	13.9	14.9	16.0	17.3	18.7	18.9	—	15.7	—	13.0
14.8(40)	13.9	15.0	16.1	17.4	18.8	18.9	—	15.7	—	13.0

表 5-9　毛羽值与千米棉结 +200%

线密度(tex)(英制支数)	毛羽值 H					千米棉结 +200				
	5%	25%	50%	75%	95%	5%	25%	50%	75%	95%
98.4(6)	7.9	8.8	9.9	11.0	12.1	3	7	12	22	41
84.4(7)	7.5	8.3	9.4	10.4	11.5	5	9	17	30	55
73.8(8)	7.1	8.0	9.0	9.9	10.9	6	12	22	39	69
65.6(9)	6.8	7.6	8.6	9.5	10.5	8	16	27	48	86
59.1(10)	6.6	7.3	8.3	9.2	10.1	10	19	34	59	104
53.7(11)	6.3	7.1	8.0	8.9	9.8	12	24	41	71	124
49.2(12)	6.1	6.9	7.8	8.6	9.5	15	28	49	84	145
45.4(13)	6.0	6.7	7.5	8.4	9.3	18	33	57	97	167
42.2(14)	5.8	6.5	7.3	8.2	9.0	21	39	66	112	191
39.4(15)	5.7	6.3	7.2	8.0	8.8	25	44	76	128	217

续表

线密度(tex)	毛羽值 H					千米棉结 +200%				
(英制支数)	5%	25%	50%	75%	95%	5%	25%	50%	75%	95%
36.9(16)	5.5	6.2	7.0	7.8	8.6	28	51	87	145	244
34.7(17)	5.4	6.1	6.9	7.6	8.4	32	57	98	162	272
32.8(18)	5.3	5.9	6.7	7.5	8.3	37	64	109	181	302
31.1(19)	5.2	5.8	6.6	7.3	8.1	41	72	122	201	333
29.5(20)	5.1	5.7	6.5	7.2	8.0	46	80	135	221	365
28.1(21)	5.0	5.6	6.4	7.1	7.8	51	88	149	243	399
26.8(22)	4.9	5.5	6.3	7.0	7.7	57	97	163	266	434
25.7(23)	4.9	5.4	6.2	6.8	7.6	63	106	179	289	470
24.6(24)	4.8	5.4	6.1	6.7	7.5	69	116	194	313	508
23.6(25)	4.7	5.3	6.0	6.7	7.4	75	126	211	339	547
22.7(26)	4.6	5.2	5.9	6.6	7.3	82	136	228	365	587
21.9(27)	4.6	5.1	5.8	6.5	7.2	89	147	246	392	628
21.1(28)	4.5	5.1	5.7	6.4	7.1	97	158	264	421	672
20.4(29)	4.5	5.0	5.7	6.3	7.0	104	170	283	450	716
19.7(30)	4.4	5.0	5.6	6.2	6.9	112	182	303	480	761
19.0(31)	4.4	4.9	5.5	6.2	6.8	121	195	324	511	808
18.5(32)	4.3	4.8	5.5	6.1	6.8	129	208	345	543	856
17.9(33)	4.3	4.8	5.4	6.0	6.7	138	221	367	575	904
17.4(34)	4.2	4.7	5.4	6.0	6.6	148	235	389	609	954
16.9(35)	4.2	4.7	5.3	5.9	6.6	157	250	412	643	1006
16.4(36)	4.1	4.6	5.3	5.9	6.5	167	264	436	679	1059
16.0(37)	4.1	4.6	5.2	5.8	6.4	178	279	461	715	1112
15.5(38)	4.0	4.5	5.2	5.7	6.4	188	295	486	753	1168
15.1(39)	4.0	4.5	5.1	5.7	6.3	200	311	512	791	1224
14.8(40)	4.0	4.5	5.1	5.6	6.3	211	328	538	830	1281

表 5-10　千米粗节 +50% 与千米细节 -50%

线密度(tex)	千米粗节 +50%					千米细节 -50%				
(英制支数)	5%	25%	50%	75%	95%	5%	25%	50%	75%	95%
98.4(6)	6	13	29	62	130	0	1	1	2	5
84.4(7)	7	16	34	72	147	0	1	1	3	6
73.8(8)	9	19	39	82	163	0	1	2	4	7
65.6(9)	10	22	44	91	179	0	1	2	4	9

线密度（tex）（英制支数）	千米粗节 +50%					千米细节 −50%				
	5%	25%	50%	75%	95%	5%	25%	50%	75%	95%
59.1（10）	12	25	50	101	195	1	1	2	5	10
53.7（11）	13	28	55	110	210	1	1	3	6	12
49.2（12）	15	31	60	120	225	1	1	3	6	13
45.4（13）	17	34	66	129	239	1	2	4	7	15
42.2（14）	18	37	71	138	254	1	2	4	8	17
39.4（15）	20	41	76	148	268	1	2	4	9	18
36.9（16）	22	44	82	157	282	1	2	5	10	20
34.7（17）	24	47	87	166	296	1	2	5	11	22
32.8（18）	26	51	93	175	309	1	3	6	12	24
31.1（19）	28	54	98	184	323	1	3	6	13	26
29.5（20）	30	58	104	194	336	1	3	7	14	28
28.1（21）	31	61	109	203	349	2	3	7	15	30
26.8（22）	33	65	115	212	362	2	4	8	16	32
25.7（23）	35	68	120	221	375	2	4	8	17	34
24.6（24）	37	72	126	230	388	2	4	9	18	36
23.6（25）	40	76	132	239	400	2	4	9	19	39
22.7（26）	42	79	137	248	413	2	5	10	20	41
21.9（27）	44	83	143	257	425	2	5	10	21	43
21.1（28）	46	87	148	266	438	2	5	11	22	46
20.4（29）	48	90	154	274	450	3	5	11	23	48
19.7（30）	50	94	160	283	462	3	6	12	25	50
19.0（31）	52	98	165	292	474	3	6	13	26	53
18.5（32）	55	102	171	301	486	3	6	13	27	55
17.9（33）	57	106	177	310	498	3	7	14	28	58
17.4（34）	59	110	182	319	510	3	7	14	30	61
16.9（35）	61	114	188	327	522	3	7	15	31	63
16.4（36）	64	118	194	336	534	4	7	16	32	66
16.0（37）	66	121	199	345	545	4	8	16	34	68
15.5（38）	69	125	205	354	557	4	8	17	35	71
15.1（39）	71	129	211	363	568	4	8	18	36	74
14.8（40）	73	133	217	371	580	4	9	18	38	77

5.4 原棉质量与纱线质量关系的定量分析

原棉质量是影响纱线质量的首要因素。为了有效地利用原棉质量,充分地发挥原棉的使用价值,做到以原棉质量合理配棉,提高配棉精度,这就需要对原棉质量与纱线质量关系进行定量分析。

原棉的各项指标对纱线质量的影响是不同的。在研究原棉质量与纱线质量关系时,不能孤立地分析原棉某一项指标与纱线质量某一项指标的简单相关关系,而忽略其整体性和系统性。要真正表示这两个变量之间的相关关系,必须在除去其他变量影响的情况下,计算它们的相关关系,这种相关系数称为偏相关系数。

纱线质量预测是改进纺纱性能、优化工艺过程的主要手段,对拟定配棉实施方案,加强全面质量管理有着重要的指导意义。本书第3章以HVI测试的棉纤维上半部长度、整齐度、断裂比强度、马克隆值为原棉质量的主要内在指标,采用模糊数学的方法,提出了原棉内在质量的综合评价指标,即原棉技术品级的概念,为定量分析原棉质量与纱线质量关系,进而建立纱线质量预测模型奠定了科学基础。

5.4.1 原棉技术品级与纱线质量关系的静态定量分析

表5-11是原棉质量统计表,表5-12是与表5-11对应的纱线质量统计表(C14.8tex)。

表5-11 原棉质量统计表

序号	技术品级	上半部长度 (mm)	整齐度 (%)	断裂比强度 (cN/tex)	马克隆值	黄度 +b	反射率 Rd (%)
1	1.943	29.46	88.27	31.94	4.51	9.05	81.86
2	1.450	29.40	88.29	32.11	4.21	8.63	80.66
3	1.925	28.93	87.56	29.79	4.20	9.37	79.40
4	1.813	29.19	88.13	30.41	3.87	9.42	80.74
5	1.700	29.46	88.03	30.99	3.88	9.28	80.83
6	1.925	29.60	88.26	32.26	4.54	8.89	81.55
7	1.415	29.73	88.53	31.42	4.06	9.08	81.47

序号	技术品级	上半部长度 (mm)	整齐度 (%)	断裂比强度 (cN/tex)	马克隆值	黄度 +b	反射率 Rd (%)
8	2.465	28.56	86.54	29.72	4.60	8.64	77.22
9	2.388	29.06	87.77	29.89	4.25	9.27	79.90
10	1.880	29.96	88.28	32.50	4.44	7.78	83.71
11	2.463	28.54	86.54	29.76	4.60	8.67	77.25
12	2.128	27.98	85.33	31.38	4.42	9.30	82.00
13	2.298	29.40	88.53	30.22	4.47	8.80	80.71
14	2.338	29.28	88.31	30.07	4.39	9.01	80.46
15	2.313	29.49	88.68	30.06	4.42	8.59	80.93

表 5-12　纱线质量统计表

序号	条干 CV 值 (%)	断裂强度 (cN/tex)	细节 -50% (个/km)	粗节 +50% (个/km)	棉结 +200% (个/km)	毛羽 3mm (根/10m)
1	15.40	16.44	26	334	525	45
2	15.24	17.86	8	246	525	40
3	15.93	14.40	18	270	611	55
4	15.49	17.71	11	317	595	47
5	15.35	18.54	9	289	620	38
6	16.30	16.23	27	360	568	26
7	14.96	18.40	6	230	522	37
8	16.80	12.40	39	418	981	48
9	16.28	13.40	30	347	838	56
10	15.40	17.76	12	289	515	51
11	16.60	13.20	45	351	868	49
12	16.00	14.50	18	286	528	63
13	16.28	14.00	25	331	601	54
14	16.17	13.70	28	297	578	55
15	16.13	14.20	23	297	606	54

　　根据表 5-11 和表 5-12 所列数据,运用第 3 章式(3-1)进行原棉质量与纱线质量指标的静态偏相关分析,结果见表 5-13。若不考虑上半部长度、整齐度、断裂强度和马克隆值对纱线质量的影响程度,即不考虑各自的权值,技术品级为静态。

表5-13 原棉质量与纱线质量偏相关分析表

项目	技术品级（静态）	上半部长度（mm）	整齐度（%）	断裂强度（cN/tex）	马克隆值
条干 CV 值(%)	0.903**	-0.617*	-0.466	-0.682**	0.736**
断裂强度(cN/tex)	-0.930**	0.657*	0.467	0.761**	-0.761**
细节-50%(个/km)	0.869**	-0.554*	-0.422	-0.604*	0.813**
粗节+50%(个/km)	0.708**	-0.386	-0.324	-0.400	0.600*
棉结+200%(个/km)	0.664**	-0.541*	-0.450	-0.721**	0.342
3mm 毛羽(根/10m)	0.587*	-0.544*	-0.412	-0.528	0.249

**在0.01水平上显著相关，*在0.05水平上显著相关，黄度+b为控制变量。

5.4.2 原棉技术品级与纱线质量关系的动态定量分析

原棉质量对纱线质量的影响程度可用其偏相关系数的绝对值之和表示：

$$w_i = \sum_{j=1}^{n} |R_{ij}| \tag{5-1}$$

式(5-1)与第3章式(3-2)相同，但分析的对象不同。式中，i 表示原棉质量指标的序号，共5项；j 表示纱线质量指标的序号，共6项；w_i 表示第 i 项原棉指标对纱线质量的绝对值之和（总体影响值）；R_{ij} 表示第 i 项原棉指标对第 j 项纱线质量指标的偏相关系数。根据这个公式，可以计算出原棉技术品级、上半部长度、整齐度、断裂比强度、马克隆值等5项指标分别对纱线条干 CV 值、断裂强度、细节、粗节、棉结、毛羽等6项纱线质量指标偏相关系数的绝对值之和，详见本章5.6实例分析。

5.5 纱线质量预测模型的构建

5.5.1 异常数据的处理

在建立纱线质量预测模型之前，应首先对历史数据进行审核。纱线质量指标主要有条干均匀度、断裂强度、细节、粗节、棉结、毛羽。异常数据审核公式为：

$$B_{ij} = \frac{P_i/C_{ij}}{\sum_{j=1}^{n} (P_i/C_{ij})/n} \tag{5-2}$$

式中：i——原棉技术品级的序号；

$\quad\quad j$——纱线质量指标的序号；

B_{ij}——第 i 项原棉技术品级对第 j 项纱线质量指标的偏离指数；

P_i——第 i 项原棉技术品级；

C_{ij}——第 i 项纱线质量指标对第 j 项纱线质量指标的测试值。

现以某 6 组试验数据为例,说明质量指标偏差指数的计算过程,其偏差指数计算结果见表 5-14。

表 5-14　偏离指数计算表

序号	技术品级	条干 CV 值(%)	断裂强度(cN/tex)	条干偏离指数	强度偏离指数
i	P_i	C_{i1}	C_{i2}	B_{i1}	B_{i2}
1	2.848	15.40	16.44	1.074	1.123
2	2.755	15.74	17.00	1.017	1.051
3	2.650	15.70	16.80	0.980	1.023
4	2.713	15.40	17.76	1.023	0.991
5	2.575	15.49	17.71	0.965	0.943
6	2.485	15.35	18.54	0.940	0.869

其中质量指标 j:"1"表示条干,"2"表示断裂强度。例如,原棉技术品级序号 1 的条干偏离指数为:

$$B_{11} = (P_1/C_{11})/[(P_1/C_{11} + P_2/C_{21} + P_3/C_{31} + P_4/C_{41} + P_5/C_{51} + P_6/C_{61})/6]$$
$$= 0.1849/(1.033/6) = 1.074$$

偏离指数是利用同度量因素反映质量指标差异程度的指数,无量纲,指数基准为 1。偏离指数可用于判断某项指标是否为异常数据。

来源于设备、工艺和操作的异常数据,属于生产管理方面的问题。这些数据往往又是"真实"的,因此,剔除异常数据应掌握"适中"的原则,否则,预测模型将会失真。生产实践显示,纱线条干 CV 值和断裂强度偏离指数的离散度较小,可从严掌握;纱线细节、粗节、棉结和毛羽偏离指数的离散度较大,可从宽掌握。根据生产经验,条干 CV 值和断裂强度 2 项指标的合格数据判定范围为:$0.85 \leqslant B_{ij} \leqslant 1.15$;细节、粗节、棉结和毛羽的 4 项指标的合格数据判定范围为:$0.70 \leqslant B_{ij} \leqslant 1.30$。偏离指数不在此范围的则视为异常数据,加以剔除。在建立纱线质量预测模型时,合格的数据应控制在近期的 15~20 组之内,以保持数据的适应性和时效性。

5.5.2　纱线质量预测模型自变量的确定

第 3 章式(3-9)是原棉技术品级内在质量评价模型,该式与本章式(5-1)结合,可形成纱线质量预测模型的自变量 X_k,自变量 X_k 仍称为技术品级,但其属性为动态。表达式如下:

$$X_k = \sum_{i=1}^{m} d_i \sum_{j=1}^{n} |R_{jA}| \sum_{j=1}^{n} r_{ij}/n \qquad (5-3)$$

式中: X_k——第 k 批原棉的动态技术品级;

d_i——原棉分级特征(A ~ E 级)的权重, $i = 1,2,3,4,5$; $m = 5$;

R_{jA}——表示第 j 项原棉内在指标(共 4 项)对纱线质量指标 A 的权系数, $\sum R_{jA} = 1$。

r_{ij}——原棉第 j 项内在指标(共 4 项)对于第 i 个分级(A ~ E 级)的隶属度, $j = 1,2,3,4$; $n = 4$; $i = 1,2,3,4,5$。

在多目标优化中,同时达到各个目标的最优解一般较难,因为各目标的解具有冲突性,所以常根据各目标的重要程度赋给各目标函数(权动态系数),以求得在此权系数下的协调解。对诸目标权系数的确定,除关心目标重要性次序以外,应重视对权系数的准确确定,以使多目标决策更科学化。

5.5.3　纱线质量组合预测模型

组合预测模型是指将两个或两个以上的不同预测方法得出的不同预测值,通过赋予适当的权重,作为最终预测结果的一种预测方法。组合预测模型是对单项预测模型的信息进行筛选优化的过程。原棉技术品级和纱线质量特征值是服从正态分布的,因此,可以用回归的方法建立纱线质量预测模型。纱线质量受原棉、设备、工艺、温湿度等影响,由于这些因素是动态的,所以,不同时期的预测模型(包括模型类型及其参数)是不同的。

组合预测的关键是如何恰当地确定各个单项预测方法的加权权重数,采用不同的最优准则就会有不同的最优组合预测模型,其权重数的获得也就存在着一定的差异。

设对纱线质量建立了 n 个预测模型 $y_{ij}(j = 1,2,\cdots,n)$, $y_i(i = 1,2,\cdots,m)$ 为第 i 期历史数据; k_j 为第 j 种预测模型的组合权重系数,且 $\sum_{j=1}^{m} k_j = 1$, $k_j \geq 0$; ε 为组

合预测校正值(偏差),组合预测的模型为:

$$Y_{(i)} = \sum_{j=1}^{n} k_j y_{ij} + (-)\varepsilon \qquad (5-4)$$

其中, $k_j = R_j^2 / \sum_{i=1}^{n} R_{ij}^2$, R 为决定系数。

在组合预测中,确定各个模型权系数的方法有多种,在这里采用拟合优度法确定权系数。计算公式为:

$$K = \frac{R_1^2}{R_1^2 + R_2^2} \qquad (5-5)$$

该权系数确定方法直观上的合理性在于: R_i^2 越大,其回归效果愈好,其预测值的偏离就愈小,即愈有效,从而在组合预测中所占组分就愈大,对组分合预测的贡献当然愈大。

加权求和的本质体现的是定性与定量相结合。可证明(过程略),由以上两个加权求和组成的综合预测模型,优于组成它的各个个别预测模型。

校正值 ε 可能为零,也可能大于零或小于零,若相加求平均值,则趋近于零。因此,校正值 ε 不能取预测的平均偏差。为避免这一缺点,应分别对大于等于零和小于零的偏差分别求平均值,然后再取两者的平均值。

组合预测模型将多种不同的预测方法兼容并包,各取所长,由于集中了更多的信息与预测技巧,所以能减少预测的系统误差,达到提高预测精度的目的。由于各项数据是在特定时间和条件下获得的,随着时间的推移,再用原模型来预测就失去了意义。因此,应随着时间的推移,不断地选取新的数据,舍去过时的数据,保留趋势发展的基本信息,根据当前配棉方案构建新的组合预测模型。显然,根据不同时期的数据建立的组合预测模型,其函数类型和参数是各不相同的。

原棉技术品级与纱线质量是非线性关系,主要呈 4 种函数类型。

(1)指数函数 $y = ae^{bx}$ 或 $\ln(y) = \ln(a) + bx$ 。

(2)二次多项式函数 $y = a + bx + cx^2$ 。

(3)乘幂函数 $y = ax^b$ 或 $\ln(y) = \ln(a) + b\ln(x)$ 。

(4)对数函数 $y = a + b\ln(x)$ 。

曲线拟合应根据 x 与 y 的散点分布形状选择函数类型,回归曲线配制的基本方法是通过必要的变量转换对其作线性化处理。当散点图显示曲线凸面朝向"西

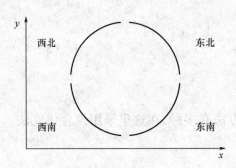

图 5-1 非线性曲线样式图示

北"方向(图 5-1)时,可选用乘幂函数($X > 1$)、对数函数;当曲线凸面朝向"西南"方向时,可选用乘幂函数、对数函数或指数函数;当曲线凸面朝向"东南"方向时,可选用乘幂函数($X > 1$)或指数函数。此外,这 4 种图形都可以选用二次多项式函数。

以上表明,一种曲线样式可以采用多种曲线函数形式,究竟应选取哪一种函数模型,可比较各曲线的决定系数 R^2 作出决定。决定系数 R^2 越大,模型越好。

5.6 实例分析

对历史检验数据,通过异常数据审核筛选后,便可建立纱线质量预测模型。根据表 5-11、表 5-12 提供的数据,分别建立的以技术品级 x 为自变量的 C14.8tex 纱线质量静态和动态组合预测模型,见表 5-15、表 5-16。

表 5-15 C14.8tex 纱线质量静态组合预测模型

项目	函数类型	a	b	c	R^2	k	ε
Y 条干	$y_1 = a + bx + cx^2$	14.2751	0.0909	0.3373	0.8209	0.5005	0.0350
	$y_2 = ae^{bx}$	13.2318	0.0899		0.8194	0.4995	
Y 强度	$y_1 = a + bx + cx^2$	16.8809	4.9284	-2.6864	0.8716	0.5056	-0.3688
	$y_2 = ae^{bx}$	32.2278	-0.3645		0.8522	0.4944	
Y 细节	$y_1 = ax^b$	2.2120	3.0711		0.8399	0.5014	0.8036
	$y_2 = ae^{bx}$	0.7378	1.5900		0.8352	0.4986	
Y 粗节	$y_1 = ax^b$	197.9631	0.6348		0.5529	0.5070	7.2222
	$y_2 = ae^{bx}$	158.9352	0.3250		0.5377	0.4930	
Y 棉结	$y_1 = a + bx + cx^2$	2234.0851	-1983.7580	572.8921	0.6272	0.5788	8.1786
	$y_2 = ae^{bx}$	277.6874	0.3950		0.4565	0.4212	
Y 毛羽	$y_1 = a + bx + cx^2$	-25.4731	59.0077	-10.9705	0.3512	0.5061	-2.0000
	$y_2 = a + b\ln x$	26.5886	30.6933		0.3427	0.4939	

注 R^2 表示决定系数,k 表示权数,ε 表示校正值(偏差),$Y = y_1 k_1 + y_2 k_2 + \varepsilon$。

表 5 – 16　C14.8tex 纱线质量动态组合预测模型

项目	函数类型	a	b	c	R^2	k	ε
Y 条干	$y_1 = a + bx + cx^2$	14.2079	0.2389	0.2627	0.8191	0.5002	0.0143
	$y_2 = ae^{bx}$	13.3678	0.0824		0.8183	0.4998	
Y 强度	$y_1 = a + bx + cx^2$	17.6852	3.6629	-2.1833	0.8693	0.5051	-0.3821
	$y_2 = ae^{bx}$	30.9252	-0.3343		0.8516	0.4949	
Y 细节	$y_1 = ax^b$	2.3356	2.8798		0.8344	0.5015	1.5000
	$y_2 = ae^{bx}$	0.8915	1.4539		0.8295	0.4985	
Y 粗节	$y_1 = ax^b$	199.9729	0.5968		0.5522	0.5077	7.1944
	$y_2 = ae^{bx}$	165.0635	0.2976		0.5355	0.4923	
Y 棉结	$y_1 = a + bx + cx^2$	1966.6529	-1649.4133	469.3817	0.6268	0.5739	8.1964
	$y_2 = ae^{bx}$	288.2159	0.3659		0.4653	0.4261	
Y 毛羽	$y_1 = a + bx + cx^2$	-20.3726	53.3036	-9.5872	0.3510	0.5066	-1.9500
	$y_2 = a + b\ln x$	27.0915	28.8379		0.3418	0.4934	

注　R^2 表示决定系数;k 表示权数;ε 表示校正值(偏差);$Y = y_1 k_1 + y_2 k_2 + \varepsilon$。

　　运用表 5 – 15 和表 5 – 16 的预测公式,分别对表 5 – 11 和表 5 – 12 进行纱线条干和断裂强度预测,结果见表 5 – 17、表 5 – 18。

表 5 – 17　预测统计分析表(静态)

序号	技术品级	纱线条干 CV 值(%)			纱线断裂强度(cN/tex)		
		实际值	预测值	绝对误差	实际值	预测值	绝对误差
1	1.943	15.40	15.59	0.19	16.44	16.53	0.09
2	1.450	15.24	15.00	0.24	17.86	18.89	1.03
3	1.925	15.93	15.57	0.36	14.40	16.62	2.22
4	1.813	15.49	15.43	0.06	17.71	17.18	0.53
5	1.700	15.35	15.29	0.06	18.54	17.73	0.81
6	1.925	16.30	15.57	0.73	16.23	16.62	0.39
7	1.415	14.96	14.96	0.00	18.40	19.04	0.64
8	2.465	16.30	16.30	0.50	13.68	13.68	1.28
9	2.388	16.28	16.19	0.09	13.40	14.12	0.72
10	1.880	15.40	15.51	0.11	17.76	16.85	0.91
11	2.463	16.60	16.30	0.30	13.20	13.68	0.48
12	2.128	16.00	15.83	0.17	14.50	15.56	1.06
13	2.298	16.28	16.07	0.21	14.00	14.63	0.63
14	2.338	16.17	16.12	0.05	13.70	14.40	0.70
15	2.313	16.13	16.09	0.04	14.20	14.55	0.35
平 均	2.030	15.89	15.72	0.17	15.52	16.01	0.49

表 5-18　预测统计分析表(动态)

序号	技术品级	纱线条干 CV 值(%)			纱线断裂强度(cN/tex)		
		实际值	预测值	绝对误差	实际值	预测值	绝对误差
1	1.985	15.40	15.64	0.24	16.44	16.32	0.12
2	1.456	15.24	15.01	0.23	17.86	18.86	1.00
3	1.986	15.93	15.65	0.28	14.40	16.31	1.91
4	1.863	15.49	15.49	0.00	17.71	16.93	0.78
5	1.740	15.35	15.34	0.01	18.54	17.54	1.00
6	1.967	16.30	15.62	0.68	16.23	16.41	0.18
7	1.420	14.96	14.97	0.01	18.40	19.02	0.62
8	2.564	16.80	16.44	0.36	12.40	13.08	0.68
9	2.483	16.28	16.33	0.05	13.40	13.57	0.17
10	1.922	15.40	15.56	0.16	17.76	16.64	1.12
11	2.561	16.60	16.44	0.16	13.20	13.11	0.09
12	2.172	16.00	15.89	0.11	14.50	15.32	0.82
13	2.387	16.28	16.19	0.09	14.00	14.13	0.13
14	2.430	16.17	16.25	0.08	13.70	13.87	0.17
15	2.404	16.13	16.22	0.09	14.20	14.03	0.17
平　均	2.089	15.89	15.80	0.09	15.52	15.68	0.16

表 5-19 为原棉质量指标对纱线 C14.8tex 质量指标的绝对系数贡献值。

表 5-19　原棉质量指标对纱线 C14.8tex 质量指标的绝对系数贡献值

项目	技术品级 (动态)	上半部长度 (mm)	整齐度 (%)	断裂比强度 (cN/tex)	马克隆值
条干 CV 值(%)	0.903	0.617	0.466	0.682	0.736
断裂强度(cN/tex)	0.929	0.657	0.467	0.761	0.761
棉结 +200%(个/km)	0.866	0.554	0.422	0.604	0.813
细节 -50%(个/km)	0.706	0.386	0.324	0.400	0.600
粗节 +50%(个/km)	0.669	0.541	0.450	0.721	0.342
毛羽 3mm(根/10m)	0.585	0.544	0.412	0.528	0.249
绝对系数贡献值	4.658	3.299	2.542	3.695	3.501

　　在表 5-19 中,技术品级、上半部长度、整齐度、断裂比强度和马克隆值,对纱线质量的绝对系数贡献值分别为 4.658、3.299、2.542、3.695、3.501。由此可见,

技术品级指标具有独特的整体性和系统性,可信度优于原棉质量的其他指标。

不同品种的原棉各项指标对纱线质量的影响程度是各不相同的。为此,在运用技术品级对纱线质量进行预测过程中,权系数选择是否恰当,将起相当关键的作用。权系数是表示各评定因素相对重要程度的物理量,动态权系数主要目的是最大限度地保存原始数据的信息量,运用动态权系数建立动态组合预测模型,可有效地提高预测精度。

根据公式(5-1),某一原棉质量指标对纱线质量的权系数为:

$$W_i = \frac{\sum\limits_{j=1}^{n} |R_{ij}|}{\sum\limits_{i=1}^{4} \sum\limits_{j=1}^{n} |R_{ij}|} \tag{5-6}$$

式中:R_{ij}——第 i 项原棉指标对第 j 项纱线质量指标的偏相关系数;

W_i——第 i 项原棉指标对纱线质量的权重。

$$\sum_{i=1}^{4} W_i = 1, 0 \leqslant W_i \leqslant 1$$

例如,根据表 5-19 选用权系数的数值见表 5-20,各项权值的总和为 1。

表 5-20　原棉质量权系数数值表

评定因素	上半部长度 (mm)	整齐度 (%)	断裂比强度 (cN/tex)	马克隆值
C14.8tex 权系数	0.2531	0.1950	0.2834	0.2685

注　权系数 = 绝对系数贡献值/Σ 绝对系数贡献值。

当技术品级处于静态时,上半部长度、整齐度、断裂比强度和马克隆值的权系数均为 0.25,采用"动态权系数法"后,根据公式(5-3),上半部长度、整齐度、断裂比强度和马克隆值的权系数发生了变化,原静态技术品级转化为动态技术品级。

纱线质量组合预测模型是基于单种预测方法的局限性,综合利用各种预测方法所提供的信息,通过对多种不同的预测方法以适当的权数组成。这样,即使一个预测误差较大的预测方法,如果它包含系统独立的信息,当它与一个预测误差较小的预测方法组合后,完全有可能增加系统的预测精度。预测方法是否有效,不但要考虑它在预测区间各预测时点预测精度的均值,同时要考虑各预测时点预测精度的分布情况。

纱线质量预测是一种定量预测方法,应遵循连贯性、相关类推和概率性原则,按系统内部要素变化存在的因果关系,通过识别影响系统发展的主变量建立模型,然后根据系统自变量(原棉技术品级)的变化预测系统因变量(纱线质量)。预测结果的可信度取决于模型对真实系统的拟合效果。

纱线质量预测对指导生产、加强质量管理有着现实的意义。正确的预测可以避免不应有的经济损失。当然,预测转化为经济效益,还须加强生产过程的全面管理。

对纱线质量进行预测,应注意以下几个方面。

(1)以原棉技术品级为自变量而建立的纱线质量组合预测模型,具有独特的整体性和可信度,优于原棉质量其他各单一指标所组成的模型,但其重要前提是,配棉实施方案应符合配棉技术标准,并连续稳定。

(2)在进行预测时,要特别注重对数据的分析,注重历史数据的准确性和实效性。预测结果与发展的实际结果未必相符,应对预测的结果加以分析和评价,以确定系统模型的可信度。预测过程是系统资料、预测方法和预测分析有机结合的过程,资料是基础,方法是核心,分析则贯穿于全过程。

(3)为使回归方程稳定可靠,真实地反映纱线质量的规律,应将样本容量控制在一定时间范围内。由于回归方程中不可能包括影响纱线质量的全部自变量,各变量之间的相互关系及其检验数据是在特定时间和条件下获得的,随着时间的推移,再用原回归方程来预测就失去了意义。因此,应随着时间的推移,不断地选取新的数组,舍去过时的数组,吐故纳新,保留趋势发展的基本信息,消除随机干扰。显然,根据不同时期的数组建立的组合预测模型,其参数是各不相同的。

第6章 配棉程序设计与实证分析

现代配棉技术不仅是一种定量化描述配棉全过程规律的专业技术,更是一种体现纺织企业技术进步、科学发展的管理思想和模式。配棉技术管理决策支持系统体现了现代配棉技术的信息化、知识化和智能化。本章通过一个完整的实例,展示配棉技术管理决策支持系统的基本功能与程序设计的基本思路。

6.1 系统总体结构

6.1.1 系统的特点

配棉技术管理决策支持系统以原棉管理为基础、成本控制为核心、纱线质量预测为手段,运用系统工程的思想和方法,遵循配棉技术原则,将棉纺学、运筹学、模糊数学、技术经济学以及计算机技术融为一体,对原棉质量评价、配棉技术标准、配棉方案优选、纱线质量预测和配棉方案评价等进行了规范,实现了配棉技术信息化、知识化和智能化。

配棉技术管理决策支持系统是通过数据、模型和知识,以人机交互方式进行决策的计算机应用系统。系统运用的主要方法如下。

6.1.1.1 统计分析方法

考察变量之间关系强弱相关分析与判别分析,描述变量之间因果关系分析。

6.1.1.2 预测分析方法

预测分析方法主要有曲线拟合法、动态组合修正法。

6.1.1.3 优化分析方法

优化分析方法主要为运筹学中的目标整数规划、隐含枚举法等。

配棉技术管理决策支持系统采用以数据库、模型库、方法库为基本部件组成系统总体框架结构,实现方法模型化、模型数据化、配棉智能化。基本过程是由方法模型化、模型数据化后得到的数据与原始数据一起,组成配棉总体数据库,从而把模型库、方法库纳入数据库管理系统中。

6.1.2 系统的构成与体系结构

系统的构成与体系结构如图6-1所示。各子系统均有基础数据库或由基础

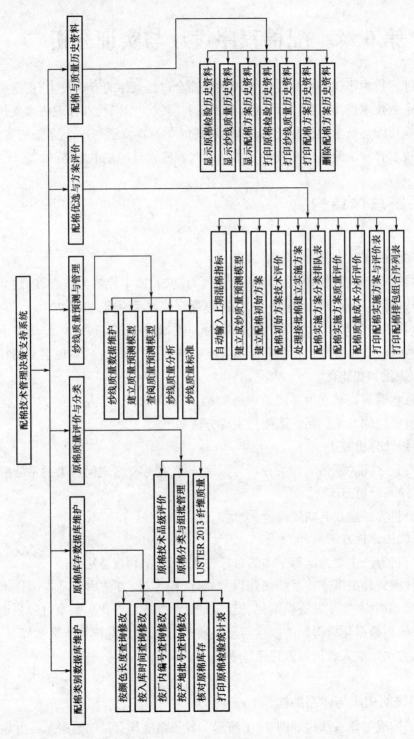

图 6-1　配棉系统的构成体系结构图

数据库演变的复合数据库。

系统包括六大功能。

(1)配棉类别数据库维护。

(2)原棉库存数据库维护。

(3)原棉质量评价与分类。

(4)纱线质量预测与管理。

(5)配棉方案优选与评价。

(6)配棉与质量历史资料。

以上六大功能中,原棉库存数据库和纱线质量数据库是基础数据库。这两个数据库的核心是对原始或历史数据进行收集、分类、组织、编码、存储、检索和维护,其目的是从大量的数据中挖掘、推导出对配棉有价值的信息作为决策依据,不仅反映数据本身的内容,而且反映数据之间的联系。

6.2 配棉类别数据库维护

配棉类别的常规划分(按线密度)为特细特、细特、中特、粗特等,并规定用途、原棉主要质量指标和用棉量定额,企业可根据市场的需求制订。

表6-1为某企业的配棉类别信息。

表6-1 配棉类别信息表

序号	类型	线密度(tex) (英制支数)	上半部长度 (mm)	整齐度 (%)	断裂比强度 (cN/tex)	马克隆值 (级)	用棉量定额 (kg/t)
1	紧密纺	JC8~10(70~56)	30.5~31.5	>83.0	>31.0	A	1360
2	环锭纺	JC8~10(70~56)	31.0~32.0	>83.0	>31.0	A	1360
3	环锭纺	JC11~13(55~44)	30.5~31.5	>83.0	>31.0	A	1355
4	环锭纺	C14~15(43~37)	28.5~29.5	>81.0	>29.0	B	1095
5	环锭纺	C16~20(36~29)	27.5~28.5	>79.0	>28.0	B	1090
6	环锭纺	C21~30(28~19)	27.0~28.0	>77.0	>27.0	C	1080
7	气流纺	C36~60(16~10)	26.0~27.5	>77.0	>27.0	C	1075

注 颜色级按配棉用途另有要求。

6.3 原棉库存数据库维护

原棉数据库是配棉系统的基础,其维护功能界面图如图 6-2 所示。

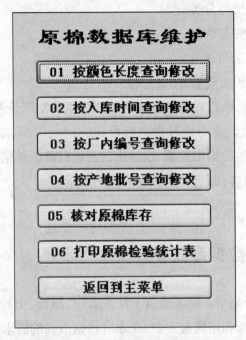

图 6-2 原棉数据库维护功能界面

原棉数据库由原棉 HVI 指标、原棉数量(包数、吨数)、价格、每批原棉的平均包重、产地与批号、入库时间等组成。为方便计算机管理,还应对每批原棉进行编号(编码)。

原棉库存是动态管理,需要及时进行维护,以便与生产进行衔接。本子系统是配棉的基础。为方便编辑,设计了 Excel 方式。表 6-2 为处理后的原棉检验统计表(简表),按产地→厂内编号排序。

原棉的各项测试数据是配棉的基础,在使用这些数据之前,应对其进行审核。数据的审核能够确保数据的完整性、准确性和时效性。

由于原棉的各项测试数据均在一定范围之内,所以可通过单项数据排序查出某个异常数据。另外,原棉的各项测试数据之间存有相关关系,可通过相关分析查出某组异常数据。

表6-2 原棉检验统计表(简表)

序号	产地与批号	厂内编号	每吨价格(元)	包数	库存(t)	上半部长度(mm)	整齐度(%)	断裂比强度(cN/tex)	马克隆值	黄度+b	反射率Rd(%)	回潮率(%)
1	山东06011	1052	18720	172	39.16	28.26	82.36	28.15	4.50	8.02	76.55	8.80
2	山东06015	1055	18470	150	34.78	29.31	83.20	29.31	3.60	8.61	81.23	7.91
3	山东06222	1075	18730	120	27.89	28.66	82.91	27.89	4.51	7.93	76.12	8.50
4	山东06227	1127	20170	137	31.16	30.08	83.90	30.50	4.39	7.90	83.70	8.98
5	山东06228	1128	19950	133	30.16	30.27	84.30	32.30	4.40	8.57	83.16	8.72
6	山东06229	1810	19480	80	18.27	29.17	83.50	29.70	3.62	8.50	79.00	7.50
7	山东06313	1832	19460	90	20.55	29.94	83.80	29.10	3.51	9.12	82.78	7.80
8	山东06316	1872	19860	110	24.97	29.46	83.60	30.60	4.16	8.00	82.00	6.40
9	山东06319	1875	19760	150	34.16	29.59	83.60	29.20	4.30	8.90	80.40	7.07
10	新疆80233	6002	19200	100	22.68	28.48	82.50	26.00	3.80	7.40	82.60	8.50
11	新疆80236	6003	10060	82	18.71	29.68	84.00	29.70	3.60	9.70	83.00	8.50
12	新疆80238	6006	19680	100	22.81	29.95	83.40	27.10	3.95	7.40	83.00	8.50
13	新疆81272	6035	20180	28	6.48	30.44	84.60	30.80	3.60	7.00	85.80	7.85
14	新疆81277	6052	19750	66	15.26	30.26	83.90	29.30	3.35	8.00	84.70	7.68
15	新疆81550	6054	20050	186	43.27	31.12	85.80	32.10	4.92	6.80	84.60	6.83
16	新疆81553	6070	20050	77	17.56	29.90	83.80	29.90	3.50	7.70	85.00	7.00
17	新疆81561	6077	20050	42	9.50	29.35	83.60	29.60	3.50	8.10	84.50	8.10
18	新疆81562	6090	20050	89	20.28	29.92	83.70	29.70	3.60	8.80	86.90	6.65
19	新疆81565	6129	20180	75	17.35	30.31	83.90	30.50	3.55	7.60	85.20	6.90
20	新疆83263	6152	19760	139	31.80	30.58	83.51	32.69	3.93	7.37	82.29	7.20
21	新疆83266	6356	20330	176	40.19	32.19	84.67	36.50	3.63	8.81	83.29	6.90
22	新疆83269	6377	19320	95	21.46	31.78	85.27	35.37	3.68	8.63	83.91	7.00

6.4　原棉质量评价与分类

本子系统的功能(图6-3)是对原棉库存数据库进行再加工提炼,产生复合或综合信息。

图6-3　原棉质量评价与分类功能界面

原棉质量评价包括内在质量评价和外观质量评价,内在质量评价指标为技术品级,外观质量评价指标为颜色级。

表6-3技术品级和颜色级,是按第3章表3-5的分级特征值和式(3-11)~式(3-23)计算得出,数据来源于表6-2(序号10~22)。

按第3章表3-5的分级特征值,技术品级分5个等级(A~E级),其区间范围为:A级[=1.0];B级[>1.0;≤2.0];C级[>2.0;≤3.0];D级[>3.0;≤4.0];E级[>4.0;≤5.0]。

表 6-3　原棉质量评价表

序号	产地与批号	厂内编号	上半部长度（mm）	整齐度（%）	断裂比强度（cN/tex）	马克隆值	黄度 +b	反射率Rd（%）	技术品级	颜色级
1	新疆 80233	6002	28.48	82.50	26.00	3.80	7.40	82.60	2.983	白棉 31
2	新疆 80236	6003	29.68	84.00	29.70	3.60	9.70	83.00	2.453	白棉 11
3	新疆 80238	6006	29.95	83.40	27.10	3.95	7.40	83.00	2.575	白棉 21
4	新疆 81272	6035	30.44	84.60	30.80	3.60	7.00	85.80	2.145	白棉 11
5	新疆 81277	6052	30.26	83.90	29.30	3.35	8.00	84.70	2.943	白棉 11
6	新疆 81550	6054	31.12	85.80	32.10	4.92	6.80	84.60	1.500	白棉 21
7	新疆 81553	6070	29.90	83.80	29.90	3.50	7.70	85.00	2.425	白棉 11
8	新疆 81561	6077	29.35	83.60	29.60	3.50	8.10	84.50	2.563	白棉 11
9	新疆 81562	6090	29.92	83.70	29.70	3.60	8.80	86.90	2.460	白棉 11
10	新疆 81565	6129	30.31	83.90	30.50	3.55	7.60	85.20	2.293	白棉 11
11	新疆 83263	6152	30.58	83.51	32.69	3.93	7.37	82.29	1.745	白棉 31
12	新疆 83266	6356	32.19	84.67	36.50	3.63	8.81	83.29	1.548	白棉 11
13	新疆 83269	6377	31.78	85.27	35.37	3.68	8.63	83.91	1.000	白棉 11

原棉入库时应分类仓储。为方便管理,应按照产地、技术品级、颜色级组合。

根据表 6-2,原棉按照产地、技术品级、颜色级组合的结果见表 6-4,分类组批如图 6-4 所示。从表 6-4 和图 6-4 可以看出,表 6-2 中的 22 组原棉经分类后形成 11 大类。

表 6-4　原棉分类组批统计表

序号	原棉分类	批数	包数	库存数量（t）	平均包重（kg）	价格（元/t）	价值总额（元）	比例（%）
1	新疆 A 级/白棉 11	1	95	21.46	225.89	19320	414607	3.91
2	新疆 B 级/白棉 11	1	176	40.19	228.35	20330	817063	7.33
3	新疆 B 级/白棉 21	1	186	43.27	232.63	20050	867564	7.89
4	新疆 B 级/白棉 31	1	139	31.80	228.78	19760	628368	5.80
5	新疆 C 级/白棉 11	7	459	105.14	229.06	20180	1919664	19.17
6	新疆 C 级/白棉 21	1	100	22.81	228.10	19680	448901	4.16
7	新疆 C 级/白棉 31	1	100	22.68	226.80	19200	435456	4.14
8	山东 C 级/白棉 11	3	360	81.87	227.42	19950	1630092	14.93
9	山东 C 级/白棉 21	3	410	93.91	229.05	19860	1813293	17.12
10	山东 C 级/白棉 31	1	80	18.27	228.38	19480	355900	3.33
11	山东 D 级/白棉 41	2	292	67.05	229.62	18730	1255455	12.23
	合计	22	2397	548.45	228.81	19302	10586363	100.00

原棉分类	库存吨数
新疆A级/白棉11	21.46
新疆B级/白棉11	40.19
新疆B级/白棉21	43.27
新疆B级/白棉31	31.80
新疆C级/白棉11	105.14
新疆C级/白棉21	22.81
新疆C级/白棉31	22.68
山东C级/白棉11	81.87
山东C级/白棉21	93.91
山东C级/白棉31	18.27
山东D级/白棉41	67.05

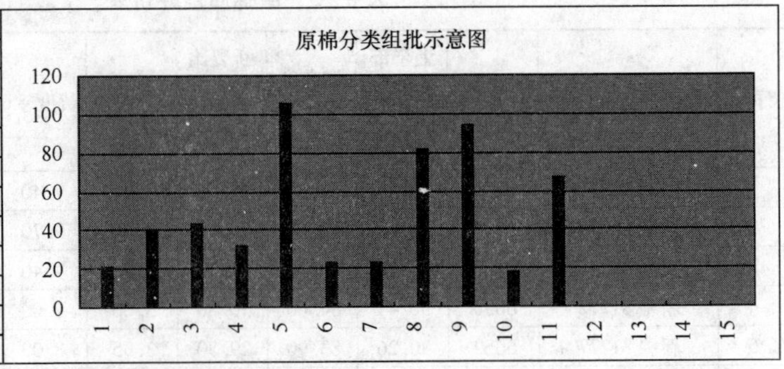

图 6-4　原棉分类组批示意图

6.5　纱线质量预测与管理

纱线质量预测与管理的功能如图 6-5 所示。

图 6-5　纱线质量预测与管理功能界面

6.5.1　纱线质量预测模型创建实例

纱线质量预测系统主要包括模型训练系统和纱线预测系统两部分。在训练之前,先建立原棉技术品级与纱线质量指标的对应关系,模型训练是对保存的历史数据进行训练,需要分析异常数据,尽可能缩小误差;纱线质量预测是利用已经训练好的模型和数据对配棉实施方案进行质量预测。

技术品级与纱线质量有密切关系,为此,在建立纱线质量、预测模型之前,应对数据进行审核。异常数据审核见第5章式5-2。

表6-5为原棉质量与JC13.1tex纱线质量统计表,表6-6为原棉内在质量与纱线质量偏相关系数。

表6-5　原棉质量与纱线质量统计表

序号	原棉质量						JC13.1tex 纱线质量					
	技术品级	上半部长度(mm)	整齐度(%)	断裂比强度(cN/tex)	马克隆值	黄度+b	条干CV值(%)	断裂强度(cN/tex)	细节-50%(个/km)	粗节+50%(个/km)	棉结+200%(个/km)	毛羽3mm(根/10m)
1	2.185	30.27	88.67	28.87	4.10	7.67	14.95	15.00	46	67	85	38
2	2.111	30.50	88.63	29.00	4.00	7.64	14.53	14.80	27	57	101	40
3	2.224	29.08	88.06	29.31	4.19	7.89	14.79	15.50	35	65	97	39
4	2.310	29.83	88.51	28.51	4.04	7.60	14.63	14.60	35		116	41
5	2.624	27.53	84.91	29.57	4.18	9.50	15.30	15.20	42	91	120	64
6	2.154	28.84	87.45	29.79	4.00	8.00	14.40	16.10	25	58	117	39
7	2.089	28.80	88.64	30.13	4.20	8.38	14.61	15.50	29	62	80	39
8	2.841	27.44	84.38	28.83	3.96	9.20	15.20	14.61	51	67	190	69
9	2.202	29.90	88.93	28.97	3.84	7.84	14.51	14.80	33	57	70	46
10	2.530	27.88	84.91	29.79	4.08	9.60	14.71	14.50	31	89	130	55
11	2.434	28.18	85.12	29.82	4.25	9.50	14.90	15.60	41	95	148	54
12	2.048	29.69	88.09	29.85	3.91	8.00	14.00	16.90	32	53	108	45
13	2.039	29.77	88.09	29.85	3.97	8.07	14.18	16.70		56	80	39
14	1.386	29.70	87.66	31.01	3.88	8.00	13.40	17.60		32	73	39
15	1.463	30.97	89.47	32.02	4.61	8.49	13.74	19.90	13	46	86	52

注　经精梳工艺,原棉整齐度和断裂比强度均比原数据提高1.06倍。

在棉纺生产过程中,有普梳纺纱系统和精梳纺纱系统两种工艺流程。对质量要求高的纱线,需经过精梳纺纱系统加工,其生产工艺流程如图6-6所示。精梳纺纱系统在普梳梳棉与并条工序之间增加了预并并条机、成卷机和精梳机,经过精梳加工的精梳纱线与同线密度普梳纱线相比,短纤维、棉结、杂质和疵点明显减少,纤维长度的整齐度、纱线强力明显提高,纱线条干 CV 值明显降低,纱线质量得到全面改善。

表 6 - 6   原棉质量与纱线质量偏相关系数

项目	技术品级	上半部长度	断裂比强度	整齐度	马克隆值
条干 CV 值	0.899 **	− 0.535 *	− 0.869 **	− 0.412	− 0.086
断裂强度	− 0.883 **	0.652 *	0.941 **	0.594 *	0.474
细节 − 50%	0.846 **	− 0.489	− 0.853 **	− 0.463	− 0.105
粗节 + 50%	0.703 **	− 0.300	− 0.713 **	− 0.232	0.002
棉结 + 200	0.626 *	− 0.448	− 0.578 *	− 0.679 **	− 0.384
毛羽 3mm	0.321	− 0.009	− 0.310	− 0.191	0.093

注   ** 在 0.01 水平上显著相关,* 在 0.05 水平上显著相关,黄度 + b 为控制变量。

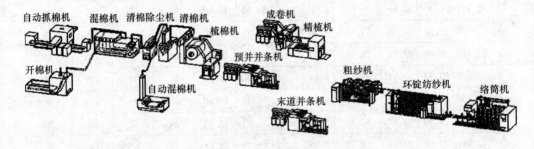

图 6 - 6   精梳纺纱生产工艺流程示意图

生产实践证明,普梳纺纱系统,原棉技术品级与纱线质量关系密切,而在精梳纺纱系统并不密切。这是因为原棉经精梳后,其整齐度和断裂比强度均有提高,进而到影响技术品级的变化。

精梳工艺不同,对整齐度、断裂比强度的影响程度是不一样的,本章实例涉及的整齐度、断裂比强度,均比原数据提高 1.06 倍。

在表 6 - 6 中,技术品级、上半部长度、整齐度、断裂比强度和马克隆值,对纱线质量的绝对系数贡献值分别为 4.278、2.433、4.264、2.571、1.144。由此可见,技术品级指标具有独特的整体性和系统性,可信度优于原棉质量的其他指标。

根据表 6 - 5 的数据,运行"建立质量预测模型"模块,再运行"查阅质量预测模型"模块,可显示 JC13.1tex 的纱线质量动态组合预测模型。表 6 - 7 为 JC13.1tex 质量动态组合预测模型。

表 6 - 7　JC13.1tex 纱线质量组合预测模型

项目	函数类型	a	b	c	R^2	k	ε
y 条干	$y_1 = ax^b$	12.7118	0.1742		0.8461	0.5007	0.0118
	$y_2 = a + bx + cx^2$	11.1080	1.9428	-0.1668	0.8439	0.4993	
y 强度	$y_1 = a + bx + cx^2$	30.7176	-11.2375	1.9619	0.7228	0.5099	-0.4218
	$y_2 = ax^b$	21.0349	-0.3789		0.6947	0.4901	
y 细节	$y_1 = ax^b$	5.1468	2.2118		0.8205	0.5056	0.2321
	$y_2 = ae^{bx}$	2.5403	1.0984		0.8024	0.4944	
y 粗节	$y_1 = ax^b$	24.3191	1.2148		0.7150	0.5059	1.2589
	$y_2 = ae^{bx}$	16.5161	0.6029		0.6983	0.4941	
y 棉结	$y_1 = a + bx + cx^2$	266.6977	-232.8460	71.1826	0.7391	0.5733	-0.0714
	$y_2 = ae^{bx}$	31.6294	0.5415		0.5501	0.4267	
y 毛羽	$y_1 = a + bx + cx^2$	166.4332	-138.8382	37.2867	0.8329	0.7286	0.9444
	$y_2 = ae^{bx}$	23.0489	0.3069		0.3102	0.2714	

注　R^2 表示决定系数,k 表示权数,ε 表示校正值(偏差),$Y = y_1 k_1 + y_2 k_2 + \varepsilon$。

纱线质量动态组合预测模型,是基于单种预测方法的局限性和近似性,通过对多种不同的预测方法进行的非线性结合。该方法综合利用各种预测方法所提供的信息,以适当的权数得出组合预测模型,使得组合预测模型更加有效地提高预测精度。

不同的定量预测方法各有其优点和缺点,它们之间并不是相互排斥,而是相互联系、相互补充。由于每种预测方法对纱线质量指标描述角度不同,所以若认为某个单项预测误差较大,就把该种预测方法弃之不用,这可能造成部分有用的信息丢失。为此,应综合考虑各单项预测方法的特点,将不同的单项预测方法进行组合。一个预测误差较大的预测方法,如果它包含系统独立的信息,当它与一个预测误差较小的预测方法组合后,完全有可能增加系统的预测性能。

若只用一种预测方法进行预测,则这种预测方法的选择是否适当就显得很重要。如果选择预测方法不当,就可能出现较大的预测偏差。在预测实践中,若把多种单项预测方法正确地结合起来使用,则会使得组合预测结果对某单个较差的预测方法不太敏感。因此,组合预测一般能提高预测的精确度和可靠度。

纱线质量预测应遵循的基本原则。

(1)连贯性原则。预测对象(纱线质量)在工艺、设备等环境条件下具有的规律性,不仅在现在起作用,而且在未来的一段时间内继续发挥作用,这种连贯性包括时间的连贯性和预测系统结构的连贯性。

(2)相关类推原则。预测对象的发展变化与原棉质量存有密切相关关系。因此,类推原则要求在建立适当的预测模型后,根据相关因素发展变化来类推预测对象的规律。

(3)概率性原则。预测对象既受到偶然因素的影响,又受到必然因素的影响。概率性原则要求利用统计方法可以获得预测对象的必然规律。

纱线质量预测运用定量预测方法。定量预测方法就是利用预测对象的历史和现状的数据,按变量之间的函数关系建立数学模型,从而计算出预测对象的预测值。定量预测方法的特点有以下几个。

(1)强调对事物发展的数量方面进行较为精确的预测,这主要通过历史统计数据建立相应的数学模型,对事物发展作出数量上的预测。

(2)强调对事物发展的历史统计资料利用的重要性。

(3)强调建立数学模型的重要性,且要利用电子计算机来解决定量预测法中复杂的数学模型的参数计算问题。

创建纱线质量动态组合预测模型的程序如图6-7。

纱线质量预测主要是根据系统内部要素变化存在的因果关系,通过识别影响系统发展的主要变量,建立它们的数学模型,然后根据系统自变量的变化预测系统因变量。预测结果的可信度取决于模型对真实系统的拟合效果,它完全依赖于系统建模人员对系统问题的认识水平和认知程度。

利用预测模型进行预测,是根据模型的预测结果,对模型的合理性、模型的计算精度和模型的敏感性等进行分析和检验。为此,在进行纱线质量预测时,要特别注重对数据的分析,应根据预测目标,尽可能地搜集系统本身的历史资料。利用模型得到的预测结果与系统发展的实际结果未必相符,应对预测的结果应加以分析和评价,以确定系统模型的可信度。

系统预测过程是一个系统资料、预测方法和预测分析有机结合的过程,资料是基础和出发点,方法的应用是核心,分析则贯穿于系统预测的全过程。

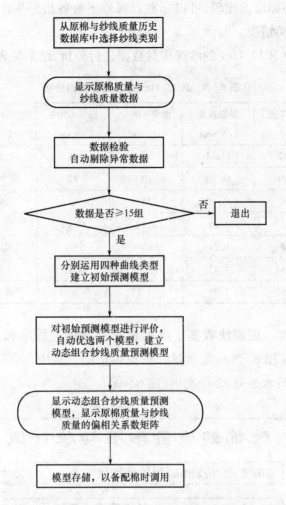

图 6-7 纱线质量动态组合预测模型创建流程图

6.5.2 管理功能

"纱线质量预测与管理"模块包括质量分析、质量标准等功能。

（1）质量分析。

①质量指标单项统计分析。对纱线质量主要考核指标如条干 CV 值、断裂强度进行统计分析,计算一段时期内各指标生产水平的平均值、均方差、离散系数、偏态、峰度等。

②质量波动曲线分析。将一定时期内的纱线质量主要考核指标分别绘制质

量分布曲线,并与标准值比较,可以非常直观地了解各指标生产水平的波动情况及与标准值的偏离情况。

对表6-5中JC13.1tex的纱线质量数据进行分析,结果见表6-8。

表6-8 JC13.1tex纱线质量指标分析

项目	条干CV值 (%)	断裂强度 (cN/tex)	细节-50% (个/km)	粗节+50% (个/km)	棉结+200% (个/km)	毛羽3mm (根/10m)
平均值	14.52	15.82	30	63	107	46
最小值	13.40	14.50	10	32	70	35
最大值	15.30	19.90	51	95	190	69
标准差	0.52	1.46	1.98	17.01	32.17	10.44
离散系数	3.58	9.24	39.49	26.8	30.14	22.72
偏态系数	-0.54	1.42	-0.06	0.41	1.04	0.93
峰度系数	-0.55	1.37	-1.13	-0.54	0.48	-0.56

(2)质量标准。该模块收集了纯棉最新国家质量标准和乌斯特(USTER)2013公报统计值(图6-8),为质量分析提供依据。其中,乌斯特(USTER)2013公报纯棉纱线质量水平分12个类别(图6-9)。

图6-8 纱线质量标准查询功能界面

图 6 – 9　USTER 2013 纯棉纱查询功能界面

6.6　配棉优选与方案评价

配棉优选与方案评价是配棉管理决策支持系统的核心,其功能如图 6 – 10 所示。

配棉优选主要工作流程如下。

(1)根据当前原料和生产情况, 确定品种有关参数及配棉目标值,运用目标整数规划和预测分析方法,寻求本期配棉的多个可行方案。

(2)对全部可行方案进行技术经济评价,从中选优。

(3)处理接批棉,以保证连续化生产。

(4)自动计算出各断批点的混棉质量指标、百分比以及纱线质量预测分析值,以保证生产稳定和配棉质量成本前后的相对一致,完成当期配棉(生产)进度。

(5)对配棉实施方案进行评价。

6.6.1　自动导入上期混棉指标

点击"自动导入上期混棉指标",从历史数据库中选择,如图 6 – 11 所示。

配棉优选与方案评价
01 自动导入上期混棉指标
02 建立成纱质量预测模型
03 建立配棉初始方案库
04 配棉初始方案技术评价
05 处理接批棉建立实施方案
06 配棉实施方案分类排队表
07 配棉实施方案质量评价
08 配棉质量成本分析评价
09 打印配棉实施方案与评价表
10 打印配棉排包组合序列表
返回主菜单

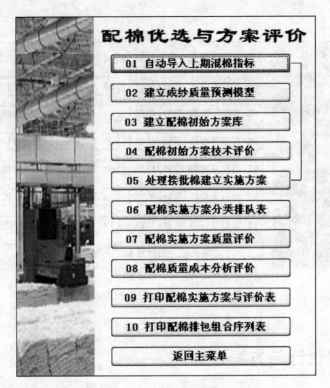

图 6-10 配棉优选与方案评价功能界面

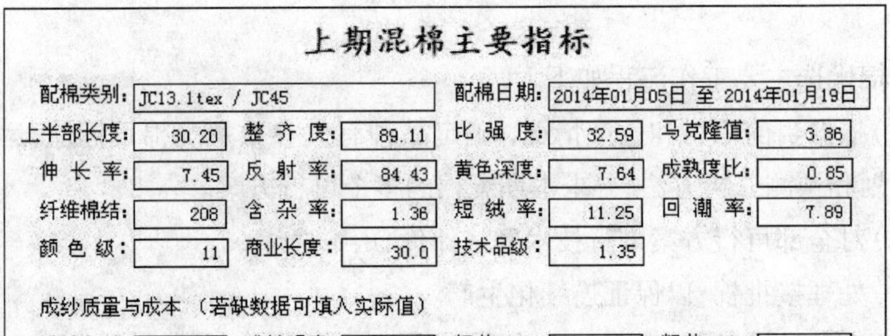

上期混棉主要指标
配棉类别: JC13.1tex / JC45
配棉日期: 2014年01月05日 至 2014年01月19日
上半部长度: 30.20
整 齐 度: 89.11
比 强 度: 32.59
马克隆值: 3.86
伸 长 率: 7.45
反 射 率: 84.43
黄色深度: 7.64
成熟度比: 0.85
纤维棉结: 208
含 杂 率: 1.36
短 绒 率: 11.25
回 潮 率: 7.89
颜 色 级: 11
商业长度: 30.0
技术品级: 1.35
成纱质量与成本 (若缺数据可填入实际值)
成纱条干: 13.38
成纱强度: 19.08
细节-50: 10
粗节+50: 36
棉结+200: 75
毛羽3mm: 44
混棉价格: 20118
吨纱成本: 27260

图 6-11 上期混棉主要指标界面

6.6.2 建立配棉初始方案库

本例选择 JC13.1tex 进行配棉。配棉队数 6 队,棉台总容量为 36 包,棉纱日产量 3.8t。各队原棉的基本资料见表 6-9,数据来源于表 6-2。

表6-9 配棉基本资料

序号	产地与批号	厂内编号	混棉包数下限	混棉包数上限	上半部长度（mm）	马克隆值	黄度+b	反射率Rd（%）	技术品级	颜色级	原棉价格（元/t）
1	山东06227	1127	7	7	30.08	4.39	7.90	83.70	1.870	白棉11	20170
2	山东06228	1128	3	6	30.27	4.40	7.90	82.40	1.850	白棉21	19950
3	新疆81272	6035	6	6	30.44	3.60	7.00	85.80	1.570	白棉11	20180
4	新疆81550	6054	3	3	31.12	4.92	6.80	84.60	1.500	白棉21	20050
5	新疆81553	6070	7	10	29.90	3.50	7.70	85.00	1.640	白棉11	20050
6	新疆81565	6129	6	6	30.31	3.55	7.60	85.20	1.590	白棉11	20180

选择混棉包数上下限时应注意以下问题。

（1）为避免方案过多，混棉包数的下限之和应小于混棉总包数1~3包；上限之和最好大于混棉总包数1~3包。

（2）当各队混棉包数的下限和上限相等时，只有一个方案。

6.6.3 配棉技术经济效果评价

经运算，本例中有3个配棉可行方案，初步评价见表6-10。

对配棉可行方案进行评价时，重点在于质量与混棉成本的有机统一。从表6-10中可以看出，方案Ⅰ优于其他方案。

表6-10 配棉可行方案混棉与纱线质量成本预测表

方案号	混棉质量						纱线质量成本预测				
	上半部长度（mm）	整齐度（%）	断裂比强度（cN/tex）	马克隆值	技术品级	颜色级	条干CV值（%）	断裂强度（cN/tex）	技术品级CV值（%）	黄度+b CV值（%）	吨纱成本（元/t）
Ⅰ	30.26	89.28	32.70	3.91	1.34	白棉11	13.36	19.12	7.99	5.08	27237
Ⅱ	30.25	89.26	32.63	3.88	1.35	白棉11	13.38	19.08	7.86	5.04	27240
Ⅲ	30.24	89.25	32.56	3.86	1.35	白棉11	13.36	19.10	7.71	4.99	27244

配棉初始方案流程如图6-12所示。

6.6.4 处理接批棉形成配棉方案

从多个配棉方案中选择一个实施方案，若有断批棉，显示断批棉和接批棉信息。本例选择方案Ⅰ，首次断批棉和接批棉的信息如图6-13所示。

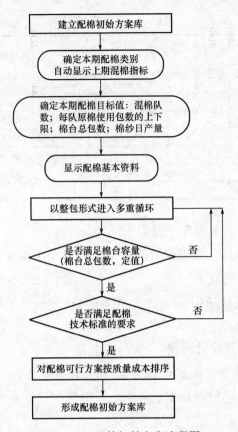

图 6-12　配棉初始方案流程图

图 6-13　选择接批棉界面图

当全部接批棉结束后,形成配棉方案(表 6-11)。本方案混棉队数为 6 队,2
次接批,形成 3 个断批点。

表 6－11 JC13.1tex 配棉成分分类排队表（简表）

队号	厂内编号	产地与批号	包重(kg)	混棉比(%)	混用包数	使用天数	用棉进度(共15天)	上半部长度(mm)	整齐度(%)	断裂比强度(cN/tex)	马克隆值	技术品级	黄度+b	颜色级	原棉价格(元/t)
1	6035	新疆 81272	231.43	16.82	6.0	7	—	30.44	89.68	32.65	3.60	1.57	7.00	白棉 11	20180
接批	6090	新疆 81562	227.87	16.61	6.0	37	—	29.92	88.72	31.48	3.60	1.64	8.80	白棉 11	20050
2	6070	新疆 81553	228.05	22.11	8.0	15	—	29.90	88.83	31.69	3.50	1.64	7.70	白棉 11	20050
3	6129	新疆 81565	231.33	16.82	6.0	19	—	30.31	88.93	32.33	3.55	1.59	7.60	白棉 11	20180
4	1128	山东 06228	226.77	16.49	6.0	33	—	30.27	89.36	34.24	4.40	1.85	7.90	白棉 21	19950
5	1127	山东 06227	227.45	19.30	7.0	34	—	30.08	88.93	32.33	4.39	1.87	7.90	白棉 11	20170
6	6054	新疆 81550	232.63	8.46	3.0	93	—	31.12	90.95	34.03	4.92	1.50	6.80	白棉 21	20050

本期混棉平均指标与质量成本预测

接批序号	原棉质量								实际纱线质量与配棉成本						
	技术品级	上半部长度(mm)	整齐度(%)	断裂比强度(cN/tex)	马克隆值	黄度+b	反射率 Rd(%)	颜色级	条干 CV 值(%)	断裂强度(cN/tex)	细节 -50%(个/km)	粗节 +50%(个/km)	棉结 +200%(个/km)	毛羽 3mm(根/10m)	吨纱成本(元/t)
1	1.34	30.26	89.28	32.70	3.91	7.56	84.46	白棉 11	13.36	19.12	10	35	75	44	27237
2	1.36	30.17	89.12	32.51	3.91	7.86	84.63	白棉 11	13.39	19.02	10	36	75	44	27207
平均	1.36	30.21	89.19	32.60	3.91	7.72	84.55	白棉 11	13.38	19.06	10	36	75	44	27221

上期混棉平均指标与实际质量成本

上期	原棉质量								实际纱线质量与配棉成本						
	技术品级	上半部长度(mm)	整齐度(%)	断裂比强度(cN/tex)	马克隆值	黄度+b	反射率 Rd(%)	颜色级	条干 CV 值(%)	断裂强度(cN/tex)	细节 -50%(个/km)	粗节 +50%(个/km)	棉结 +200%(个/km)	毛羽 3mm(根/10m)	吨纱成本(元/t)
平均	1.35	30.20	89.11	32.59	3.86	7.64	84.43	白棉 11	13.38	19.08	10	36	75	44	27260

6.6.5　配棉实施方案评价

包括接批棉在内的完整的配棉方案形成后,应对配棉方案进行总体评价。

配棉方案质量评价系统包含数据库(原始数据库、评价库)、问题库、模型库、图形库,以具体评价问题为导向,以功能(评价模型)为支撑,以用户为主体的人机综合评价系统。

6.6.5.1　混棉均匀性评价

在纺纱生产过程中,均匀混和是稳定纱线质量的前提,因此,评价配棉方案时,要特别注意各断批点之间原棉混和指标。

混棉均匀性评价指标有技术品级和黄度变异系数、偏态与峰度。通过评价指标选取,评价模型选择,参数确定,人机交互和输出方式的选择,形成具体的评价问题,每次定义的评价将作为评价知识存放在系统中。

评价涉及的有关混棉计算公式如下:

(1)变异系数(CV)。变异系数(CV)亦称离散系数,是一组数据的标准差S与其相应算数平均值$\bar{X}$之比。

$$CV = \frac{S}{\bar{X}} \times 100\% \qquad (6-1)$$

其中:

$$S = \sqrt{\frac{1}{n-1}\sum_{i=1}^{k}(M_i - \bar{X})^2 f_i} \qquad (6-2)$$

变异系数的作用主要是用于比较不同样本总体或样本的离散程度。变异系数越大,离散程度也就大,变异系数越小,离散程度也就小。

配棉成分由多队组成,每队的包型重量不尽相同。设配棉成分由k队组成,各队的原棉组中值分别用$M_1,M_2,\cdots,M_k$表示,各队变量值出现的频数(或百分比)分别用$f_1,f_2,\cdots,f_K$表示,则原棉质量各队的混和指标$\bar{x}$为:

$$\bar{x} = \frac{\sum\limits_{i=1}^{k} M f_i}{n} = \sum_{i=1}^{k} M_i \cdot \frac{f_i}{n} \qquad (6-3)$$

(2)偏态与峰度。配棉各队经混和后,其混和数据存在形状是否对称、偏斜的程度以及分布的扁平程度等特征。因此,要全面地反映混棉均匀度,还应进一步测定偏态和峰度。

①偏态。偏态是指一组数据分布的偏斜方向及程度。在一组数据呈现单峰钟形分布的时候,表现为对称分布或非对称分布。非对称分布又包括左偏分布和右偏分布两种形式。利用众数(M_0)、中位数(M_e)和均值($\bar{x}$)之间的关系可以大体上判断数据分布的图形,如图 6 – 14 所示。

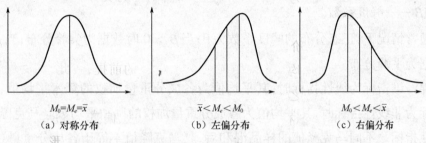

$M_0 = M_e = \bar{x}$	$\bar{x} < M_e < M_0$	$M_0 < M_e < \bar{x}$
(a) 对称分布	(b) 左偏分布	(c) 右偏分布

图 6 – 14　对称分布、左偏分布与右偏分布示意图

混棉属于分组数据,其偏态系数的计算公式为:

$$\partial = \frac{\sum_{i=1}^{k} (M_i - \bar{x})^3 f_i}{(\sum_{i=1}^{k} f_i) S^3} \qquad (6-4)$$

式中: ∂ ——偏态系数。

当数据分布对称时正负离差相互抵消, $\partial = 0$;当数据分布不对称时正负离差不能相互抵消,如果正离差数值较大,则 $\partial > 0$,表示数据分布呈右偏;如果负离差数值较大,则 $\partial < 0$,表示数据分布呈左偏。∂ 的绝对值越大,说明数据偏斜的程度越大。

②峰度。峰度是指一组数据分布的尖峰程度。通常与正态分布的高峰相比较。如果一组数据服从标准正态分布,则峰度系数的值等于0;若峰度系数的值不为0,分布的形状又低又阔,称为平峰分布;若分布的形状又高又窄,则称为尖峰分布。其图形如图 6 – 15 所示。

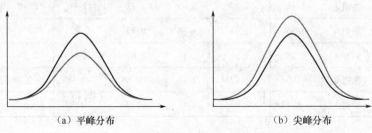

(a) 平峰分布	(b) 尖峰分布

图 6 – 15　平峰分布与尖峰分布示意图

混棉属于分组数据,其峰度系数的计算公式为:

$$\beta = \frac{\sum_{i=1}^{k}(M_i - \bar{x})^4 f_i}{(\sum_{i=1}^{k} f_i)S^4} - 3 \tag{6-5}$$

式中:β——峰度系数。

通常情况下,正态分布的峰度系数为0;当$\beta > 0$时数据为尖峰分布;当$\beta < 0$时数据为平峰分布。

棉纤维指标为线性指标时,其平均值为各成分重量加权的算术平均值,棉纤维指标为非线性指标时,其平均值为各成分重量加权的调和平均数。马克隆值为非线性指标。不同马克隆值的样品混和后,其马克隆值不等于各成分重量(或比例)加权的算术平均值,而等于各成分重量(或比例)的调和平均数。

马克隆值的调和平均值的计算。设配棉成分由k队组成,各队的原棉马克隆值分别用m_1,m_2,$\cdots$,m_k表示;相应的权(混棉比)为w_1,w_2,$\cdots$,w_K表示,则其调和平均值m的计算公式为:

$$m = \frac{\sum_{i=1}^{k} w_i}{\sum_{i=1}^{k}(\frac{w_i}{m_i})} \tag{6-6}$$

由表6-11得到配棉方案质量评价指标见表6-12。

表6-12 配棉实施方案接批指标评价表

评价指标	断批点	技术品级	上半部长度(%)	整齐度(%)	断裂比强度(cN/tex)	马克隆值	黄度+b	反射率 Rd(%)
变异系数(%)	断批 0	7.99	1.06	0.66	2.76	12.69	5.08	1.34
	断批 1	7.48	1.10	0.66	3.12	12.69	6.49	1.64
偏态系数	断批 0	0.36	1.31	1.78	0.75	0.83	-0.92	-0.70
	断批 1	0.28	1.81	2.44	0.82	0.83	0.24	-0.01
峰度系数	断批 0	-1.54	1.73	2.48	-0.86	-1.03	-0.72	-0.76
	断批 1	-1.42	2.87	4.83	-0.89	-1.03	0.51	-0.68

技术品级变异系数、偏态系数与峰度系数的判断原则见表6-13。

表 6-13　技术品级变异系数、偏态系数与峰度系数的判断原则

评价指标	判断原则
变异系数(%)	<5,优 ≥5;<8,良 ≥8;<12,一般 超过 12 时应重新设计配棉方案
偏态系数	>0,右偏分布 <0,左偏分布 =0,正态分布
峰度系数	>0,尖峰分布 <0,平峰分布 =0,正态分布

6.6.5.2　混棉主体成分评价

对配棉方案质量的评价同时还要考虑主体成分因素。主体成分重点控制原棉产地、技术品级和颜色级,主体原棉在配棉成分中应占 70% 左右。由于原棉的性质是很复杂的,若难以用一种性质接近的原棉为主体时,可以采用某项性质以某几批原棉为主体,但要注意同一性质不要出现双峰。

表 6-11 的主体成分分析见表 6-14。从表 6-14 可看出,配棉方案的主体成分为新疆棉技术品级(B 级)所占的比例。

表 6-14　配棉方案主体成分分析

断批点	产地	产地比例(%)	技术品级等级	技术品级等级比例(%)	颜色级	颜色级比例(%)
断批 0	山东	35.78	A 级	8.46	白棉 11	75.05
	新疆	64.22	B 级	91.54	白棉 21	24.95
断批 1	山东	35.88	A 级	8.48	白棉 11	74.99
	新疆	64.12	B 级	91.52	白棉 21	25.01

确定配棉实施方案的流程如图 6-16 所示。

6.6.5.3　混包排列效果评价

表 6-15 为表 6-11 的混棉排包编码与分位数,由表 6-15 可分析出,各队混包的分位数呈均匀分布,按层次排序可使局部均匀与全局均匀协调统一。

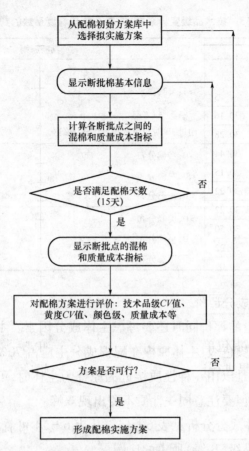

图 6-16　配棉实施方案流程图

表 6-15　混棉排包编码与分位数

编码	产地与批号	厂内编号	使用包数	技术品级	颜色级	分位数
A	新疆 81553	6070	8	1.64	白棉 11	{4.50,9.00,13.50,18.00,22.50,27.00,31.50,36.00}
B	山东 06227	1127	7	1.87	白棉 11	{5.14,10.29,15.43,20.57,25.72,30.86,36.00}
C	新疆 81272	6035	6	1.57	白棉 11	{6.00,12.00,18.00,24.00,30.00,36.00}
D	新疆 81565	6129	6	1.59	白棉 11	{6.00,12.00,18.00,24.00,30.00,36.00}
E	山东 06228	1128	6	1.85	白棉 21	{6.00,12.00,18.00,24.00,30.00,36.00}
F	新疆 81550	6054	3	1.50	白棉 21	{12.00,24.00,36.00}

表 6-16 为混包单元排列表。根据表 6-16,相邻连续单元的集合为:{(ABC,ADE),(ADE,BCD),(BCD,AEF),(AEF,ABC),(ABC,BDE),(BDE,ACD),(ACD,BEF),(BEF,ACD),(ACD,ABE),(ABE,ACD),(ACD,BEF)}。

表 6-16　混包单元排列表

序号	单元编码	技术品级	上半部长度（mm）	整齐度（%）	断裂比强度（cN/tex）	马克隆值	黄度+b	反射率 Rd（%）	颜色级
1	ABC	1.36	30.15	89.14	32.22	3.79	7.54	84.84	白棉11
2	ADE	1.36	30.16	89.04	32.75	3.78	7.73	84.20	白棉11
3	BCD	1.34	30.28	89.18	32.44	3.81	7.50	84.91	白棉11
4	AEF	1.32	30.44	89.72	33.33	4.19	7.46	84.00	白棉21
5	ABC	1.36	30.15	89.14	32.22	3.79	7.54	84.84	白棉11
6	BDE	1.35	30.22	89.07	32.97	4.07	7.79	83.78	白棉11
7	ACD	1.60	30.22	89.14	32.23	3.55	7.44	85.33	白棉11
8	BEF	1.81	30.50	89.75	33.54	4.56	7.53	83.57	白棉21
9	ACD	1.60	30.22	89.14	32.23	3.55	7.44	85.33	白棉11
10	ABE	1.37	30.09	89.05	32.75	4.05	7.83	83.72	白棉11
11	ACD	1.60	30.22	89.14	32.23	3.55	7.44	85.33	白棉11
12	BEF	1.81	30.50	89.75	33.54	4.56	7.53	83.57	白棉21

表 6-17 为相邻混包单元统计值，通过考察相邻单元的统计值，并与总体比较，可对混包排列效果进行评价，主要评价指标有连续相邻混包单元的技术品级极差和颜色级极差。

表 6-17　相邻混包单元统计值

序号	相邻单元编码	平均值								技术品级极差	颜色级极差
		技术品级	上半部长度（mm）	整齐度（%）	断裂比强度（cN/tex）	马克隆值	黄度+b	反射率 Rd（%）	颜色级		
1	ABC,ADE	1.36	30.16	89.09	32.49	3.78	7.64	84.52	白棉11	0	0
2	ADE,BCD	1.35	30.22	89.11	32.60	3.79	7.62	84.56	白棉11	0.02	0
3	BCD,AEF	1.33	30.36	89.45	32.89	3.99	7.48	84.46	白棉11	0.02	1
4	AEF,ABC	1.34	30.30	89.43	32.78	3.98	7.50	84.42	白棉11	0.04	1
5	ABC,BDE	1.36	30.19	89.11	32.60	3.93	7.67	84.31	白棉11	0.01	0
6	BDE,ACD	1.35	30.22	89.11	32.60	3.79	7.62	84.56	白棉11	0.25	0
7	ACD,BEF	1.33	30.36	89.45	32.89	3.99	7.49	84.45	白棉11	0.21	1
8	BEF,ACD	1.33	30.36	89.45	32.89	3.99	7.49	84.45	白棉11	0.21	1
9	ACD,ABE	1.36	30.16	89.10	32.49	3.78	7.64	84.53	白棉11	0.23	0
10	ABE,ACD	1.36	30.16	89.10	32.49	3.78	7.64	84.53	白棉11	0.23	0
11	ACD,BEF	2.45	28.74	82.95	29.73	3.95	8.02	81.61	白棉21	0.17	1

注　ABC,ADE 表示相邻单元的平均值，下同。

根据第 4 章表 4 - 10 混包排列效果评价指标,本实例混包排列效果评价等别总体为"优"。

6.6.5.4 配棉质量差价分析

棉花国家新标准 GB1103.1—2012 的显著特点是取消了品级指标,引入颜色级和其他定量质量指标。与此同时,原来以品级为基础的贸易规则结算体系(主要是质量差价),已被《棉花买卖合同及一般条款》替代。

原棉质量差价由中国棉花协会制订。锯齿棉结算采用颜色级、上半部长度、整齐度、断裂比强度、马克隆值和轧工质量、异性纤维含量 7 项指标作为制定差价的依据。白棉 3 级、长度 28mm、马克隆值 B 级、断裂比强度 S3(中等)、长度整齐度 U3(中等)和轧工质量(中档)、异性纤维含量(低)为标准级。

根据质量差价(见第 4 章表 4 - 2 和表 4 - 3),JC13.1tex 配棉方案各队质量差价见表 6 - 18,混棉质量差价与定额质量差价见表 6 - 19。

表 6 - 18 配棉质量差价表

队号	厂内编号	配棉比	原棉质量					原棉质量差价(元/t)					差价合计(元/t)
			上半部长度(mm)	整齐度(%)	断裂比强度(cN/tex)	马克隆值	颜色级	上半部长度	整齐度	断裂比强度	马克隆值	颜色级	
1	6035	16.82	30.44	84.60	30.80	3.60	白棉 11	200	50	100	0	600	950
2	6070	22.11	29.90	83.80	29.90	3.50	白棉 11	100	50	100	0	600	850
3	6129	16.82	30.31	83.90	30.50	3.55	白棉 11	200	50	100	0	600	950
4	1128	16.49	30.27	84.30	32.30	4.40	白棉 21	200	50	200	0	300	750
5	1127	19.30	30.08	83.90	30.50	4.39	白棉 21	200	50	100	0	600	950
6	6054	8.46	31.12	85.80	32.10	4.92	白棉 21	300	50	200	0	300	850

注 轧工质量和异性纤维含量按标准级处理,价差为零,本表未列出。

表 6 - 19 配棉质量差价对比分析表

项目	原棉质量					原棉质量差价					差价合计(元/t)
	上半部长度(mm)	整齐度(%)	断裂比强度(cN/tex)	马克隆值	颜色级	上半部长度	整齐度	断裂比强度	马克隆值	颜色级	
实际差价	30.26	84.23	30.85	3.91	白棉 11	186	50	125	0	525	886
定额差价	30.00	U2	S2	B1	白棉 11	200	50	100	0	600	950

在表 6-19 中,实际质量差价比定额质量差价减低 64 元/t。

原棉质量差价,直接影响纱线成本。为了充分发挥和合理利用不同原棉的特性和差价,应遵循配棉的基本原则,处理好原棉内在质量与外观质量、纱线质量与成本之间的关系。

6.7　配棉与质量历史资料

该子程序存储原棉检验统计历史资料、原棉与纱线质量历史资料、实施方案统计历史资料,程序功能如图 6-17 所示。

图 6-17　配棉与质量历史资料功能界面

配棉的全过程产生大量的不同类型的数据,按主体分类,有三个数据仓库:原棉检验统计历史资料、原棉与纱线质量历史资料、实施方案统计历史资料。这三个数据仓库的基本特性是面向主题性、数据的集成性、数据的时变性。

6.7.1　面向主题性

表示数据仓库中的所有数据都是围绕着配棉这一主题组织展开的。从信息管理的角度看,主题就是在管理层次上对信息系统中的数据按照具体的管理对象进行综合、归类所形成的分析对象。而从数据组织的角度看,主题就是数据集合,这些数据集合对分析对象做了完整、一致的描述,三个数据仓库各自独立又相互联系。

6.7.2 数据集成性

数据仓库的集成性就是指根据决策分析的要求,将分散于各处的源数据进行抽取、筛选、清理、综合等工作,最终集成到数据仓库中。

6.7.3 数据的时变性

数据仓库的时变性,就是数据随着时间的推移而发生变化。例如,原棉与纱线质量数据仓库必须不断地将新的数据追加到数据仓库中去,以满足决策分析的需要。

数据仓库数据的时变性,不仅反映在数据的追加方面,而且还反映在数据的删除上。尽管数据仓库中的数据可以长期保留,但是在数据仓库中的数据存储期限还是有限的,在超过限期以后,也需要删除。

数据仓库中数据的时变还表现在概括数据的变化上。数据仓库中的概括数据是与时间有关的,概括数据需要按照时间进行综合,按照时间进行抽取。因此,在数据仓库中的概括数据必须随着时间的变化而重新进行概括处理。

数据仓库是体系结构设计环境的核心,是决策支持系统处理的基础。通过对历史积累的大量数据的有效挖掘,可以发现隐藏的规律或模式,为决策提供支持。

参考文献

[1]中华人民共和国国家质量监督检验检疫总局.GB 1103.1—2012 棉花 第 1 部分:锯齿加工细绒棉[S].北京:中国标准出版社,2012.

[2]邱兆宝.总体配棉的目标离散组合模型[J].纺织学报,1985,6(3):26-28.

[3]邱兆宝.纱线质量预测模型研讨[J].纺织学报,1988,9(9):21-24.

[4]邱兆宝.配棉技术经济模型研讨[J].纺织学报,1990,11(6):34-36.

[5]邱兆宝,何秀珍,闫承兰.原棉技术品级评价模型在配棉中的应用研究[J].棉纺织技术,2009,37(10):14-17.

[6]邱兆宝.基于 HVI 数据纱线质量预测模型的研究[J].棉纺织技术,2012,40(8):12-16.

[7]邱兆宝,张红.基于 HVI 数据的配棉技术标准及应用研究[J].棉纺织技术,2012,40(9):13-17.

[8]邱兆宝.基于 HVI 数据的配棉优选模型及应用研究[J].棉纺织技术,2012,40(12):14-17.

[9]邱兆宝.配棉混包排列优化模型与效果评价[J].棉纺织技术,2013,41(4):15-18.

[10]邱兆宝,闫承兰.混棉颜色级评价模型与应用研究[J].棉纺织技术,2013,41(10):1-4.

[11]邱兆宝,张红.配棉质量成本控制模型与实证分析[C]// 2013 中国棉纺织总工程师论坛论文集.南通:中国棉纺织行业协会,2013:71-77.

[12]邱兆宝.计算机配棉关键技术解决方案[C]// 2013 中国棉纺织总工程师论坛论文集.南通:中国棉纺织行业协会,2013:48-60.

[13]徐水波.GB 1103.1—2012《棉花 第 1 部分:锯齿加工细绒棉》宣贯教材[M].北京:中国质检出版社,2012.

[14]史志陶.纤维包排列方式对混和效果的影响[J].棉纺织技术,2004,32(10):16-18.

[15]李妙福.清梳联开清棉流程混棉质量探析[J].棉纺织技术,2005,33(12):21-23.

[16]朱仲堂.用仪器化检验指标来综合评定皮棉等级的设想[J].中国纤检,2008(10):32-35.

[17]李峰华.新体制棉组批功能的开发与应用[J].中国纤检,2008(10):35-36.

[18]胡颖梅,隋全侠.纺织测试数据处理[M].北京:中国纺织出版社,2008.

[19]徐少范,张尚勇.棉纺质量控制[M].2 版.北京:中国纺织出版社,2011.

[20]谢春萍,王建坤,徐伯俊.纺纱工程[M].北京:中国纺织出版社,2012.

[21]张曙光,耿琴玉,张冶.现代棉纺技术[M].2 版.上海:东华大学出版社,2012.

[22]贺仲雄.模糊数学及其应用[M].天津:天津科学技术出版社,1983.

[23]陆建江.模糊关联规则的研究与应用[M].北京:科学出版社,2008.

[24]刘兴堂. 复杂系统建模理论、方法与技术[M]. 北京:科学出版社,2008.

[25]高洪深. 决策支持系统(DSS)理论与方法[M]. 4 版. 北京:清华大学出版社,2009.

[26]孙佰清. 智能决策支持系统的理论及应用[M]. 北京:中国经济出版社,2010.

[27]叶义成,柯丽华,黄德育. 系统综合评价技术及其应用[M]. 北京:冶金工业出版社,2006.

[28]董肇君. 系统工程与运筹学[M]. 北京:国防工业出版社,2007.

[29]杨保安,张科静. 多目标决策分析理论、方法与应用研究[M]. 上海:东华大学出版社,2008.

[30]王硕,张礼兵,金菊良. 系统预测与综合评价方法[M]. 合肥:合肥工业大学出版社,2006.

[31]汪同三,张涛. 组合预测[M]. 北京:社会科学文献出版社,2008.

[32]陈华友. 组合预测方法有效理论及其应用[M]. 北京:科学出版社,2008.

[33]郭亚军. 综合评价理论、方法及拓展[M]. 北京:科学出版社,2012.

[34]王庆育. 软件工程[M]. 北京:清华大学出版社,2004.

[35]李建中,王珊. 数据库系统原理[M]. 北京:电子工业出版社,2004.

[36]中华人民共和国国家质量监督检验检疫总局. GB/T 398—2008 棉本色纱线[S]. 北京:中国标准出版社,2008.

[37]中华人民共和国国家发展和改革委员会. FZ/T 12001—2006 气流纺棉本色纱[S]. 北京:中国标准出版社,2006.

[38]中华人民共和国国家发展和改革委员会. FZ/T 71005—2006 针织用棉本色纱[S]. 北京:中国标准出版社,2006.

[39]中华人民共和国工业和信息化部. FZ/T 12018—2009 精梳棉本色紧密纺纱线[S]. 北京:中国标准出版社,2009.

[40]乌斯特技术有限公司. USTER STATISTICS 2013[G]. 2013.

书目：纺织类

注 若本书目中的价格与成书价格不同，则以成书价格为准。中国纺织出版社图书营销中心销售电话：(010)
87155894 或登陆我们的网站查询最新书目。

中国纺织出版社网址：www.c-textilep.com

中国国际贸易促进委员会纺织行业分会

  中国国际贸易促进委员会纺织行业分会成立于 1988 年,成立以来,致力于促进中国和世界各国(地区)纺织服装业的贸易往来和经济技术合作,立足为纺织行业服务,为企业服务,以我们高质量的工作促进纺织行业的不断发展。

📌 简况

🔊 **每年举办(或参与)约 20 个国际展览会**
涵盖纺织服装完整产业链,在中国北京、上海和美国、欧洲、俄罗斯、东南亚、日本等地举办
🔊 **广泛的国际联络网**
与全球近百家纺织服装界的协会和贸易商会保持联络
🔊 **业内外会员单位 2000 多家**
涵盖纺织服装全行业,以外向型企业为主
🔊 **纺织贸促网 www.ccpittex.com**
中英文,内容专业、全面,与几十家业内外网络链接
🔊 **《纺织贸促》月刊**
已创刊十八年,内容以经贸信息、协助企业开拓市场为主线
🔊 **中国纺织法律服务网 www.cntextilelaw.com**
专业、高质量的服务

📌 业务项目概览

🔊 中国国际纺织机械展览会暨 ITMA 亚洲展览会(每两年一届)
🔊 中国国际纺织面料及辅料博览会(每年分春夏、秋冬两届,分别在北京、上海举办)
🔊 中国国际家用纺织品及辅料博览会(每年分春夏、秋冬两届,均在上海举办)
🔊 中国国际服装服饰博览会(每年举办一届)
🔊 中国国际产业用纺织品及非织造布展览会(每两年一届,逢双数年举办)
🔊 中国国际纺织纱线展览会(每年分春夏、秋冬两届,分别在北京、上海举办)
🔊 中国国际针织博览会(每年举办一届)
🔊 深圳国际纺织面料及辅料博览会(每年举办一届)
🔊 美国 TEXWORLD 服装面料展(TEXWORLD USA)暨中国纺织品服装贸易展览会(面料)(每年 7 月在美国纽约举办)
🔊 纽约国际服装采购展(APP)暨中国纺织品服装贸易展览会(服装)(每年 7 月在美国纽约举办)
🔊 纽约国际家纺展(HTFSE)暨中国纺织品服装贸易展览会(家纺)(每年 7 月在美国纽约举办)
🔊 中国纺织品服装贸易展览会(巴黎)(每年 9 月在巴黎举办)
🔊 组织中国服装企业到美国、日本、欧洲及亚洲等其他地区参加各种展览会
🔊 组织纺织服装行业的各种国际会议、研讨会
🔊 纺织服装业国际贸易和投资环境研究、信息咨询服务
🔊 纺织服装业法律服务

更多相关信息请点击纺织贸促网 www.ccpittex.com